“十二五”国家重点图书

环境保护知识丛书

噪声与电磁辐射
——隐形的危害

王罗春　周　振　赵由才　主编

北　京
冶　金　工　业　出　版　社
2011

内 容 提 要

本书分为两部分。第一部分为噪声污染及其防护，主要介绍了噪声的特性、传播过程、危害及公众生活环境对噪声的要求等基本知识，从吸声、隔声、消声及噪声利用等方面说明如何控制噪声，并重点阐述了低频噪声、城市交通噪声、城市建筑施工噪声和家用电器噪声等与人们日常生活密切相关的几种典型噪声特点、危害及其控制方法。第二部分为电磁辐射及其防护，主要从电磁辐射的由来、危害及其相关防护标准等方面介绍了电磁辐射的基本知识，讲述了电磁辐射的防护原理及技术，详细介绍了目前市场上出现的电磁辐射的抑制材料和防护产品，并重点阐述了手机、电脑和电视机等常用家用电器的电磁辐射的特点与防护方法。

本书内容丰富、通俗易懂、实用性强，可作为高中以上水平读者的科普用书和中学的环境教育参考用书。

图书在版编目(CIP)数据

噪声与电磁辐射：隐形的危害/王罗春，周振，赵由才主编．—北京：冶金工业出版社，2011．10

（环境保护知识丛书）

“十二五”国家重点图书

ISBN 978-7-5024-5758-7

Ⅰ．①噪… Ⅱ．①王… ②周… ③赵… Ⅲ．①噪声控制 ②电磁辐射—防护 Ⅳ．①TB535 ②X591

中国版本图书馆 CIP 数据核字(2011)第 197432 号

出 版 人 曹胜利

地　　址 北京北河沿大街嵩祝院北巷 39 号，邮编 100009

电　　话 (010)64027926 电子信箱 yjcbs@cnmip.com.cn

责任编辑 郭冬艳 美术编辑 李 新 版式设计 孙跃红

责任校对 石 静 责任印制 张祺鑫

ISBN 978-7-5024-5758-7

北京兴华印刷厂印刷；冶金工业出版社发行；各地新华书店经销

2011 年 10 月第 1 版，2011 年 10 月第 1 次印刷

169mm×239mm；12.5 印张；238 千字；182 页

29.00 元

冶金工业出版社投稿电话：(010)64027932 投稿信箱：tougao@cnmip.com.cn

冶金工业出版社发行部 电话：(010)64044283 传真：(010)64027893

冶金书店 地址：北京东四西大街 46 号(100010) 电话：(010)65289081(兼传真)

（本书如有印装质量问题，本社发行部负责退换）

丛书序言

人类生活的地球正在遭受有史以来最为严重的环境威胁，包括陆海水体污染、全球气候暖化、疾病蔓延等。经相关媒体曝光，生活垃圾焚烧厂排放烟气对焚烧厂周边居民健康影响、饮用水水源污染造成大面积停水、全球气候变化导致的极端天气等，事实上都与环境污染有关。过去曾被人们认为对环境和人体无害的物质，如二氧化碳、甲烷等，现在被证实是造成环境问题的最大根源之一。

我国环境保护工作起步比较晚,对环境问题的认识也不够深入,环境保护措施和政策法规还不完善,导致我国环境事故频发。随着人们生活水平的不断提高,环境保护意识逐渐增强,民众迫切需要加强对环境保护知识的了解。长期以来，虽然出版了大量环境保护书籍，但绝大多数专业性很强，系统性较差，面向普通大众的环境保护科普读物却较少。

为了普及大众环境保护知识，提高环境保护意识，冶金工业出版社特组织编写了《环境保护知识丛书》。本丛书涵盖了环境保护的各个领域，包括传统的水、气、声、渣处理技术，也包括了土壤、生态保护、环境影响评价、环境工程监理、温室气体与全球气候变化等，适合于非环境科学与工程专业的企业家、管理人员、技术人员、大中专师生以及具有高中学历以上的环保爱好者阅读。

本丛书内容丰富，编写的过程中，编者参考了相关著作、论文、研究报告等，其出处已经尽可能在参考文献中列出，在此对文献的作者表示感谢。书中难免出现疏漏和错误，欢迎读者批评指正，以便再版时修改补充。

赵由才

2011 年 4 月

前　言

在广袤悠长的人类历史长河中，曾经出现过的原始文明、游牧文明和农耕文明都是与自然和谐共处的人类文明，但近代以蒸汽机、电力以及原子能和计算机为代表的三次科技革命使工业文明在全球盛行。伴随着蒸汽机和内燃机的轰鸣，那种“空山不见人，但闻人语响”、“蝉噪林愈静，鸟鸣山更幽”的恬静，却离我们越来越远了；伴随着高压线、无线电的电磁辐射，翱翔蓝天的候鸟失去了飞翔的方向，千里知返的信鸽再也无法回巢，座头鲸错过了和北极春天的约会，绿海龟再也找不到产卵的海岛。作为仅次于水污染和空气污染的全球排名第三和第四的污染源——噪声和电磁辐射无时无刻不在影响着世界环境，作为“万物灵长”的人类将何去何从？

噪声就是人们生活和工作所不需要或是人们不愿听到的各种声音。它包括工业噪声、建筑施工噪声、交通运输噪声和社会生活噪声四大类。随着社会现代化进程的加快，噪声对人们生活的影响越来越大，被列为城市新公害。据统计，汽车和火车的交通噪声已经占到了城市噪声的85%。噪声污染会严重危害人们的身心健康。噪声的直接危害体现为干扰休息和睡眠以及引起耳部不适、听力损伤。噪声还会间接造成工作效率降低，引起各类事故，加速心脏衰老，引起如神经系统功能和内分泌紊乱，损害女性生理机能，甚至损害视力。值得注意的是，噪声对儿童身心健康危害更大，85dB以上的家庭室内噪声可致儿童聋哑。

电磁场的来源分为自然磁场和人工磁场两类。地球自身有一个绵延至太空数万公里的磁场，太阳光本身也是电磁波的一个频段，此外还有雷电和其他星球产生的电磁波，这三者构成了自然磁场。人工产生的电磁辐射有五个来源：

（1）广播电视发射系统，如电视发射塔、广播转播台站等；

（2）无线通信发射系统，如手机基站等；

（3）高压送变电系统，如高压线、变电站等；

（4）电气化铁道，如磁悬浮列车等；

（5）工业、科学、医疗用电磁能设施，如高频冶炼炉等。生活中每个人都被这两类电磁辐射所包围，天然产生的电磁辐射对人体和自然界是没有损害的，对人体构成威胁、对环境造成污染的是人工生成的电磁辐射。

随着科学技术的进步，电磁技术的应用给人类创造了巨大的物质文明，但也把人们带进一个充满有害电磁辐射的环境里。早在1975年专家学者就曾预言，随着城市经济发展和人口增长，电子、通信、计算机、汽车与电气设备大量进入家庭，城市空间人为电磁能量每年增长7%～14%，也就是说25年后环境电磁能量密度最高可增加26倍，而50年后最高可增加700倍，21世纪城市电磁环境更为复杂与恶化。电磁辐射对人们主要有六大影响：

（1）影响心血管系统，导致心悸，心动过缓，窦性心律不齐等；

（2）影响神经系统，导致记忆力减退，容易激动、失眠、头痛等；

（3）影响视觉系统，使眼球晶体混浊，严重时造成白内障，属不可逆的器质性损害，影响视力；

（4）影响生殖系统，使男子精子质量降低，使孕妇发生自然流产和胎儿畸形等；

（5）长期处于高电磁辐射的环境中，会使血液、淋巴液和细胞原生质发生改变；

（6）影响人体的循环系统、免疫、激素分泌、生殖和代谢功能，严重的还会加速人体的癌细胞增殖诱发癌症以及糖尿病，遗传性疾病等病症，对儿童还可能诱发白血病的产生；装有心脏起搏器的病人如果处于高电磁辐射的环境中，会影响心脏起搏器的正常工作。由于它无色无味、看不见、摸不着，因此，电磁辐射又被称为“隐形杀手”。

本书主要介绍噪声及电磁辐射的由来、危害及其控制，内容丰富、实用性强，采用通俗手法叙述，深入浅出，一看就懂，可作为高中以上水平读者的科普用书和中学生的环境教育参考用书。

参加本书编写工作的有上海电力学院王罗春（第1~8章）、同济大学赵由才（第1、4章）和上海电力学院周振（第1~8章）。此外，还有上海电力学院郑黎明（第1章）、李春秋（第2章）、傅洁琦（第3章）、付毅（第4~6章）、王英俊（第7章）和李晓华（第8章）。

由于噪声及电磁辐射牵涉的学科较多，限于知识水平，书中不妥之处，敬请读者批评指正。

编 者

2011年6月

目　录

第1章 什么是噪声及噪声污染

1.1 如何认识噪声

1.1.1 噪声的基本知识

声音是由物体的振动而产生的，我们将振动的物体称为声源。振动在弹性介质（气体、固体和液体）中以波的形式进行传播，这种弹性波称为声波。人们日常听到的声音，通常来自空气所传播的声波。

1.1.1.1 声音的频率

声源在每秒内振动的次数称为声音的频率，通常用 f 来表示，其单位为赫兹（Hz）。完成一次振动的时间称为周期，用 T 表示，$T=1/f$。声源质点振动的速度不同，所产生声音的频率也就不一样。振动速度越快，声音频率越高，反之，就越低。根据声音频率的不同，人们将声音分为三个区域，也就是次声、可听声和超声。频率低于20Hz的声波称为次声，频率在20～20000Hz之间的声波称为可听声，频率高于20000Hz的声波称为超声。一般来讲，人的听觉器官只能听到可听声，次声和超声人耳都听不见。动物具有不同于人类的听觉范围，如狗可以听到38000Hz的超声。狗之所以能以吠叫预报地震，是因为狗能听见地震前发射的超声波脉冲。

1.1.1.2 声音的波长

在介质中，声波振荡一个周期所传播的距离即为波长。波长与频率的关系为

$$\lambda = C_0/f$$

式中，λ 为声波波长；C_0 为声速；f 为声波频率。

声音的波长和频率成反比，频率越大，声波越短，频率越小，声波越长。

1.1.1.3 声音的速度

在不同密度的介质中，声波传播的速度不同，因而波长也就随之成比例地改变。而声波是机械波，必须在介质中传播。真空中没有介质存在，所以声波在真空中的传播速度为0m/s；声波在铜中的传播速度为3750m/s，在铁中的传播速度为5200m/s。铁路工人可以通过倾听铁轨提前知道火车是否快要来了，这是因为声音在铁轨中的传播速度要远远大于在空气中的传播速度的原因。表1-1给出了常温下几种介质中的声速。

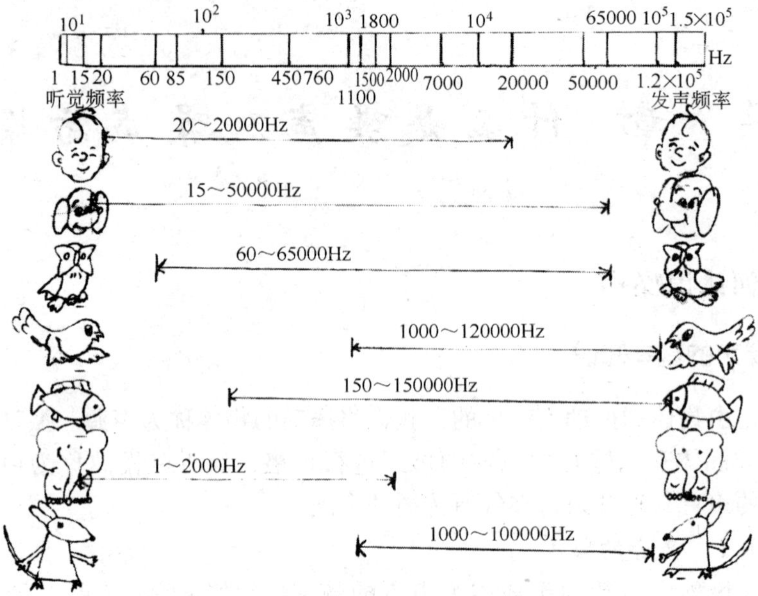

图 1-1　人和一些动物的发声和听觉频率范围

表 1-1　常温下几种介质中的声速

介质名称	空　气	水	钢	松　木	砖
声速/$m \cdot s^{-1}$	345	1500	5000	2500 ~ 3500	3600

声速与传播声音的媒质和温度有关，在空气中，声速 c 和温度 t（℃）的关系可简写为：

$$c = 331.4 + 0.607t$$

如在空中0℃时声速为331.4m/s，当温度为20℃时，声速则变为343.5m/s。

1.1.1.4　声音的强度

声音有高低大小之分，物体振动的幅度越大，发出的声音就越强，反之越弱；物体振动的频率越快，声音越高，反之越低。声音的强弱常用声压级表示，声压级越高，表示声音强度越大。

1.1.2　声音的物理量度

1.1.2.1　声压、声强和声功率

声波引起空气质点的振动，则大气压力压强就会发生波动，介质中有声场时的压强与无声场时的压强之差即为声压，亦即声场中单位面积上声波引起的压力增量称为声压，用 P 来表示，其单位为 Pa。通常用声压来衡量声音的强弱。正常人耳刚能听到的声压是 2×10^{-5} Pa，称为听阈声压；人耳产生疼痛感觉的声压

是 20Pa，称为痛阈声压。

对于声波，人们经常研究的瞬时间隔内声压的有效值，即随时间变化的均方根值称为有效声压值，正弦波的有效声压等于瞬时声压的最大值除以 $\sqrt{2}$，如未加说明，即指有效声压。

声波作为一种波动形式，将声源的能量向空间辐射，人们也可用能量来表示它的强弱。在单位时间内，通过垂直声波传播方向的单位面积上的声能，叫做声强。用 I 表示，单位为 W/m^2。

在介质均匀、空间无限大的自由声场中，声压与声强有密切的关系：

$$I = \frac{P^2}{\rho c}$$

式中 I——声强，W/m^2；

P——有效声压，Pa；

ρ——空气密度，kg/m^3；

c——空气中的声速，m/s；

ρc——声阻抗率，$kg/(m^2 \cdot s)$。

声源在单位时间内辐射的总能量叫声功率。通常用 W 表示，单位是 W，$1W = 1N \cdot m/s$。

在自由声场中，声波作球面辐射时，声功率与声强有下列关系：

$$I = \frac{W}{4\pi r^2}$$

式中 I——离声源 r 处的平均声强，W/m^2；

W——声源辐射的声功率，W；

r——离声源的距离，m。

1.1.2.2 声压级、声强级和声功率级

从听阈声压 2×10^{-5}Pa 到痛阈声压 20Pa，声压的绝对值数量相差 100 万倍，因此，用声压的绝对值表示声音的强弱很不方便。通常人们对声压、声强和声功率进行对数转换，用声压级、声强级和声功率级来衡量声压、声强和声功率。这与人们常用级来表示风、地震大小的意义是相同的，各种室内家用电器一般都使用声功率级表示其噪声级。

（1）分贝。分贝指两个相同的物理量（例如 A_1 和 A_0）之比取以 10 为底的对数并乘以 10（或 20），单位为 dB。

$$N = 10\lg \frac{A_1}{A_0}$$

式中，A_0 是基准量（或参考值）；A_1 是被量度量。

（2）声功率级。

$$L_w = 10\lg \frac{W}{W_0}$$

式中　L_w——声功率级，dB；

W——声功率，W；

W_0——基准声功率，为 10^{-12}W。

（3）声强级。

$$L_I = 10\lg\frac{I}{I_0}$$

式中　L_I——声强级，dB；

I——声强，W/m^2；

I_0——基准声强，为 $10^{-12}W/m^2$。

（4）声压级。

$$L_p = 10\lg\frac{P^2}{P_0^2} = 20\lg\frac{P}{P_0}$$

式中　L_p——声压级，dB；

P——声压，Pa；

P_0——基准声压，为 2×10^{-5}Pa，该值是对1000Hz声音人耳刚能听到的最低声压。

声功率级、声强级和声压级的单位都是dB（分贝），dB是一个相对单位，它没有量纲，是表征噪声大小的一个指标。城市交通要道十字路口噪声显示屏显示的数字就是瞬时声压级。通过引用声压级，将声压绝对值达百万倍的变化范围，转换为0～120dB的声压级范围。同时，由于人体听觉对声信号强弱刺激反应不是线性的，而是成对数比例关系，所以用声压级（声强级或声功率级）来表示声音的强弱就显得更直观。声压计是噪声监测的有效工具。

表1-2为某些常见声源（声环境）的声压级。

表1-2　某些声源或环境的声压级

声源或环境	声压级/dB	声源或环境	声压级/dB
阿波罗运载火箭	195	空压机	100
核爆炸试验现场	180	通风扇	90
导弹、火箭发射	160	大的喊叫声	80
波音707飞机	160	公共汽车内	80
喷气式飞机附近	140	大声说话	80
锅炉排气放空	140	繁华街道	70
大型球磨机附近	120	一般谈话	70
螺旋桨发动机	120	低噪声空调机	50
空气锤	120	安静房间	40
汽车喇叭（距离1m）	120	轻声耳语	30
大型风机房（离机1m）	110	树叶沙沙声	20
织布车间、机间过道	100	农村静夜	10
冲床车间（离床1m）	100		

1.1.3 声波的基本知识

声波从声源发出，在媒质中向各方向传播，声波的传播方向称为声线（波线），某一时刻，相位相同的各个点连成轨迹曲线面叫波前或者波阵面。在各向同性的均匀媒质中，波线与传播方向垂直。按波前的形状，声波可分为球面波和平面波，也就是，波前是球面的称为球面波，波前是平面的称为平面波。图 1-2 是波前、波面、波线示意图。

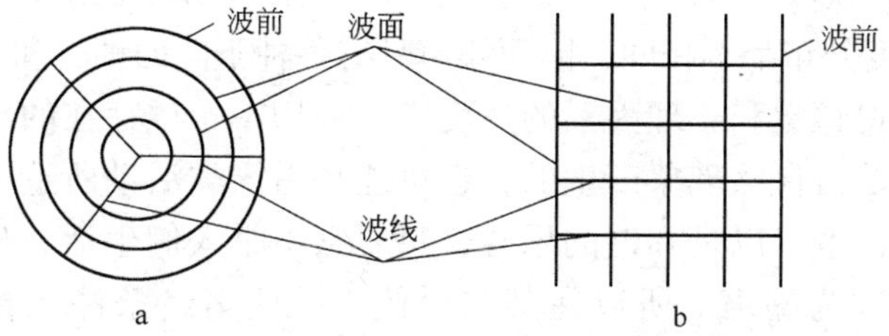

图 1-2 波前、波面、波线示意图
a—球面波；b—平面波

另外，按照振动方向和传播方向二者的关系可以分为横波和纵波。

横波（S 波）：质点的振动方向与波的传播方向相互垂直，波长是指相邻两个波峰或波谷之间的距离。火车行驶所产生的沿铁轨传播的声波就属于横波，如果我们将耳朵贴近铁轨，可通过倾听这种声波判断火车是否快到了。

纵波（P 波）：纵波是质点的振动方向与传播方向一致的波，纵波中波长是指相邻两个密部或疏部之间的距离。如敲锣时，锣的振动方向与波的传播方向就是一致的，声波是纵波。

固体有弹性，因此固体中能传播横波，液体和气体没有弹性，因此只能传播纵波，而不能传播横波。液体表面的波是由于重力和表面张力作用而形成的，水表面的水波并不属于横波的范畴，水波与地震波都是既有横波又有纵波的复杂类型的机械波。地震波通常包括横波与纵波两种，横波表现为左右摇晃，纵波表现为上下跳动，纵波传播速度比横波快，另外横波振幅比纵波大，破坏力会更大些。横波的水平摇动力是造成建筑物破坏的主要原因。

1.1.4 噪声及噪声污染

在我们生活的空间里，可以说无处不充满着声音。那么，什么样的声音是噪声，什么样的声音才是乐音，如何区分它们呢？

从物理学的角度讲，声音可分为乐音和噪声两种，表现在听觉上，乐音很悦耳，噪声难听得使人烦躁。当物体以某一固定频率振动时，耳朵听到的是具有单一音调的声音，这种以单一频率振动的声音称为纯音。但是，实际物体产生的振动时很复杂的，它是由各种不同频率的许多简谐振动组成的，把其中最低的频率称为基音，比基音高的频率称为泛音。如果每个泛音的频率是基音频率的整数倍，那么这种泛音称为谐音。基音和各次谐音组成的复合声音听起来很和谐悦耳，这种声音称为乐音。这些声音随时间变化的波形是有规律的。如果物体的复杂振动由许许多多频率组成，而各种不同频率之间彼此不成简单的整数比，这样的声音听起来就不悦耳也不和谐，还会使人产生烦躁。这种频率和强度都不同的各种声音杂乱地组合而产生的声音就成为噪声。各种机器噪声之间的差异就在于它所包含的频率成分和其相应的强度分布都不相同，因而噪声具有各种不同的种类和性质。

从人们的主观感觉和心理因素的角度讲，一切不希望存在的干扰声音都叫做噪声。噪声可能是由自然现象产生的，也可能是由人类活动所造成的，它可以是杂乱无章的声音，也可以是和谐的乐音，只要它不是人们生活、生产和社会活动所允许的声音都称为噪声，所以在某些时候，某些情绪条件下音乐也可能是噪声，比如在休息室里放音乐，虽然这些声音是和谐悦耳的声音，但是它影响了其他同学的学习。再如，如今各种音响设施已进入千家万户，但是，此类音响设施，如同其他各种噪声源一样，不管它能够播放的音乐旋律多么动人心弦，令播放者如醉如痴，但是对于街坊四邻，对于不喜欢听音乐的人来说，却是一种不能接受的噪声。我们可以称它为音乐噪声。

几乎在任何地方总存在噪声，噪声可来自于远近的很多声源。经过许多物体的反射后，可使部分噪声成为无定向性。某一环境中所有这些噪声的组合，统称为环境噪声。随着工业的发展，噪声污染已经成为一个世界性问题。它与空气污染及水污染一起被列为当今世界三大主要污染源。噪声污染是一种物理污染，它具有以下特点：

（1）污染面积大，到处都有，高低不等；

（2）噪声没有污染物，不会积累，它的能量最后转变为热能；

（3）噪声声源振动停止，噪声污染就没有了。

1.1.5　噪声级的合成

人们可以单独测量每一个噪声源的声压级，如果当多个噪声源同时向外辐射噪声，它们总的声压级是多少呢？比如说家庭室内的滚筒洗衣机的声功率计为69dB，电视机的声功率级为50dB，二者同时开启时，其总声功率级肯定不是119dB，噪声级的叠加有一定规律的，而不是把噪声级简单地相加，只有声音的能量才能进行简单的相加运算。

1.1.5.1　相同声压级的相加

某车间有两台相同的车床，它们单独开动时，测得声压级均为100dB，那么这两台机床同时开动时的声压级是多少?

按照声压级的定义，它们的总声压级为

$$L_P = 10\lg\frac{P_1^2 + P_2^2}{P_0^2} = 10\lg\frac{2P^2}{P_0^2} = 10\lg2 + 20\lg\frac{P}{P_0} \approx 3 + 100 = 103\text{dB}$$

由此可见，连个特征相同、声压级相等的噪声相加，其总声压级比单个声源的声压级增加了 3dB，而不是两个噪声级的简单加和。

如果有 N 个性质相同、声压级相等的声源叠加到一起，总声压级可用下式表示:

$$L_{总} = L_P + 10\lg N$$

式中 L_P——一个声源的声压级，dB;

N——声源的个数。

1.1.5.2 不同声压级的加法

对声源不同的声压级加法可以按以下方法计算。

设有两个不同声压级 L_{P_1}，L_{P_2}，并有 $L_{P_1} > L_{P_2}$

由声压级定义:

$$L_{P_1} = 10\lg\frac{P_1^2}{P_0^2},\ L_{P_2} = 10\lg\frac{P_2^2}{P_0^2}$$

由反对数得

$$\frac{P_1^2}{P_0^2} = 10^{\frac{L_{P_1}}{10}},\ \frac{P_2^2}{P_0^2} = 10^{\frac{L_{P_2}}{10}}$$

$$\begin{aligned}L_{总} &= 10\lg\frac{P_1^2 + P_2^2}{P_0^2} = 10\lg\left(\frac{P_1^2}{P_0^2} + \frac{P_2^2}{P_0^2}\right)\\ &= 10\lg\left(10^{\frac{L_{P_1}}{10}} + 10^{\frac{L_{P_2}}{10}}\right)\\ &= 10\lg10^{\frac{L_{P_1}}{10}}\left[1 + 10^{\left(\frac{L_{P_2}-L_{P_1}}{10}\right)}\right]\\ &= L_{P_1} + 10\lg\left[1 + 10^{-\left(\frac{L_{P_1}-L_{P_2}}{10}\right)}\right]\end{aligned}$$

于是有

$$L_{总} = L_{P_1} + \Delta L$$

其中

$$\Delta L = 10\lg\left[1 + 10^{-\left(\frac{L_{P_1}-L_{P_2}}{10}\right)}\right]$$

由上述推导可以看出，总的声压级等于较大的声压级 L_{P_1} 加上一个修正项，修正项 ΔL 是两个声压级差值的函数。为方便起见，通常由声压级叠加分贝增值图 1-3 来计算。从图中可以看出，当声压级相同时，叠加后声压级增加 3dB。当声压级相差 15dB 时，叠加后的总声压级仅增加 0.1dB。因此，两个声压级叠加,

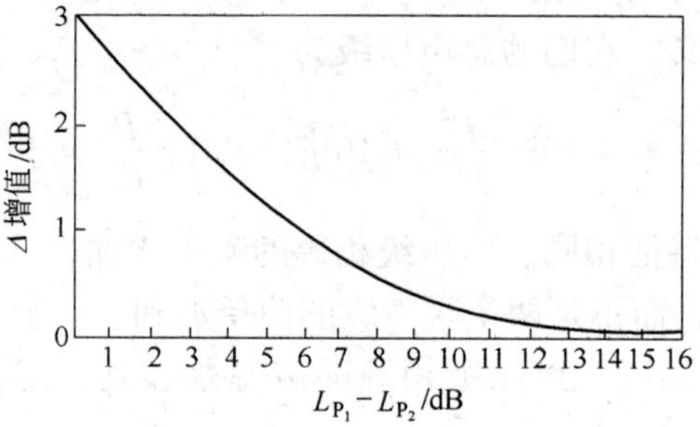

图 1-3　声压级叠加分贝增值图

若两者相差 15dB 以上，对总声压级的影响可忽略。

例如，某一房间内有 5 台机器，测得 5 台机器的声压级分别为 95dB、90dB、92dB、86dB、80dB。那么 5 台机器同时工作时，房间内的总声压级为多少？

将每两台机器分为一组，由差值查声压级叠加分贝的增值图求其和，然后逐个相加，求得其总声压级，即

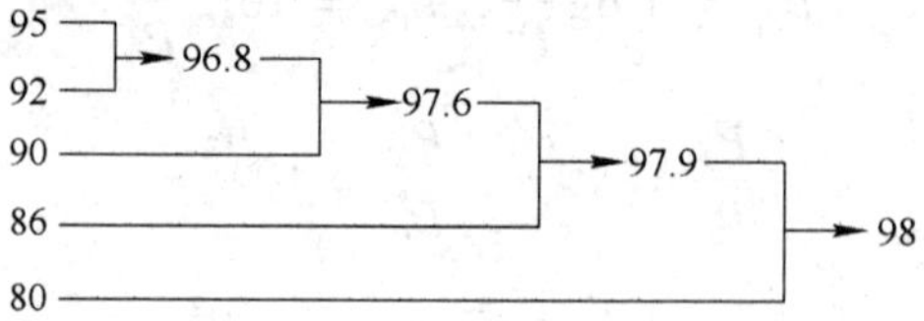

也可以

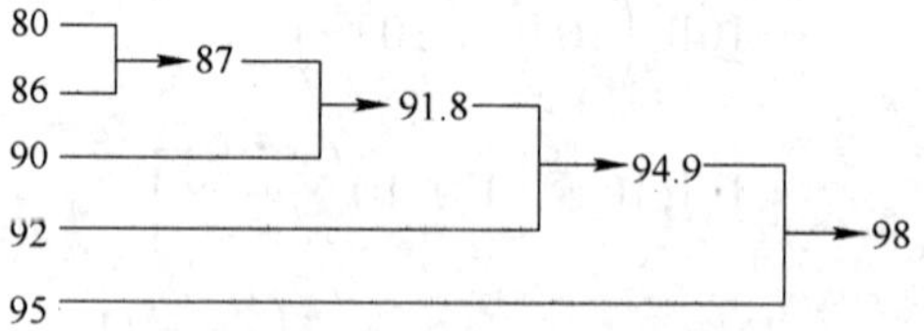

从上述结果可以看出，多个声压级的叠加与叠加次序无关，最后的结果都是一样的。

1.1.5.3　声压级的减法

在某些实际工作中，常会遇到从总的被测声压级中减去本地环境噪声的声压级，来确定由单独声源产生的声压级。例如，加工车间的机床开动前环境噪声的声压级可以测得，开动后，机床噪声和环境噪声的总声压级也可以测得，要想知道机床本身噪声的声压级就必须采用噪声的声压级的减法。

与声压级的加法公式的推导类似，推导得：

$$L_{P_1} = L_P - \Delta L$$

式中　L_{P_1}——机器本身声压级，dB；

L_P——总声压级；

ΔL——修正项，$L_P - L_{P_2}$的函数，dB；

L_{P_2}——本地或环境噪声的声压级，dB。

修正项 Δ 与 $L_P - L_{P_2}$的关系见图 1-4。

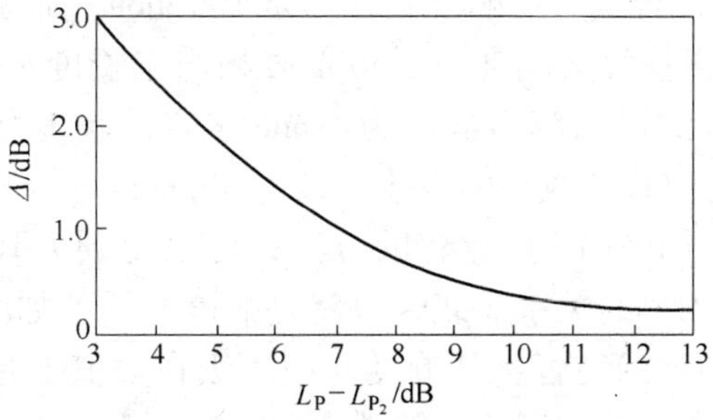

图 1-4　修正项 Δ 与 $L_P - L_{P_2}$的关系

例如，某个车间有一台机床，当机床开动时，测得噪声声压级为 90dB，当机床停止运转时，测得噪声声压级为 83dB，求该机床的噪声声压级为多少 dB？

解：机床开动与不开动时的噪声声压级差值

$$L_P - L_{P_2} = 90 - 83 = 7\text{dB}$$

由上图查得 $\Delta = 1.0$dB，则机床本身的噪声声压级 $L_{P_1} = 90 - 1.0 = 89$dB

1.1.6　噪声物理量与主观听觉的关系

1.1.6.1　响度与响度级

人的听觉与声音频率有非常密切的关系，通常情况下，两个声压相等而频率不相等的纯音听起来是不一样的，这里所说的纯音是只有一种频率的声音。

响度是人耳判别声音由轻到响的强度等级概念，它与声音的强度（如声压级）和声音的频率及波形有关系。响度的单位是“宋”（sone），用 N 来表示。1 宋的定义为声压级为 40dB，频率为 1000Hz，且来自听者正前方的平面波形的强度。

响度级的概念也是建立在两个声音的主观比较上，定义 1000Hz 纯音声压级的分贝值为响度级的数值，响度级的单位是“方”（phon），用 L_N 表示。对于其他频率的声音，可调节 1000Hz 纯音的强度使之与这声音一样响，则这 1000Hz 纯音的声压级分贝值就定义为此声音的响度级值。

响度与响度级的关系可用下列数学式表示：

$$N = 2\left(\frac{L_N - 40}{10}\right)$$

或者

$$L_N = 40 + 33\lg N$$

响度级的合成是不能直接相加的，但是响度是可以相加的，比如，两个不同频率而都具有 50phon，合成后的响度级并不是 100phon，而是先将响度级换算成响度进行合成，然后再换算成响度级。50phon 相当于响度 2sone，两个声音响度合成后为 4sone，由上式可以算出响度为 4sone 声音的响度级为 60phon，所以两个响度级为 50phon 的声音合成后的总响度级为 60phon。

采用与基准纯音（1000Hz）比较的方法，可以得到人耳频率范围内一系列响度相等的声压级和频率的关系曲线，也就是响度曲线，如图 1-5 所示。从图中可以看出，对于 1000Hz 的纯音，其响度与声压级在数值上是相等的；频率相同的情况下，声压级越大，其响度级也就越大。

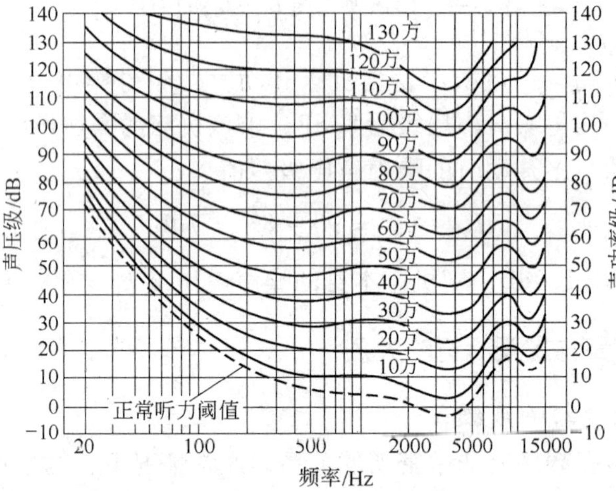

图 1-5　响度曲线

1. 1. 6. 2　计权声级

图 1-5 所描述的是纯音（或单个频率声音）的声压级和主观听觉之间的关系，然而在现实生活中，声源所产生的声音几乎都包括很广的频率范围。为了能够用仪器直接反映人对各种频率声音的主观感觉，有关专家们在噪声测量仪器中设计了计权网络，计权网络是一种特殊滤波器，当含有各种频率的声波通过时，其测得的瞬时声压级称为计权声压级或计权声级，通常有 A、B、C 和 D 四种计权声级。

A计权声级是模拟人耳对55dB以下低强度噪声的频率特性；B计权声级是模拟55dB到85dB的中等强度噪声的频率特性；C计权声级是模拟高强度噪声的频率特性；D计权声级是对噪声参量的模拟，专用于飞机噪声的测量。A、B、C计权网络的主要差别是在于对低频成分衰减程度，A衰减最多，B其次，C最少，图1-6为A、B、C、D计权的特性曲线图。由于计权曲线的频率特性是以1000Hz为参考计算衰减的，所以上述曲线均重合于1000Hz。实践证明，A计权声级表征人耳主观听觉较好，所以通常以A计权声级来评价噪声对人群的影响，A计权声级以L_{PA}或L_A表示，其单位用dB(A)表示。

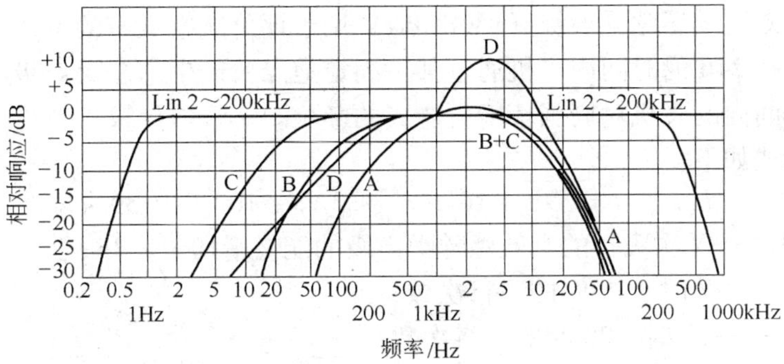

图1-6 A、B、C、D计权特性曲线

1.1.6.3 等效连续声级

A计权声级可以较好地反映人耳对噪声的强度与频率的主观感觉，能够较准确地评价一个连续稳态噪声，但是对于一个起伏或不连续的，A计权声级就显得不合适了。因此，有关人员提出了一个用噪声能量按时间平均的方法来评价其对人的影响的问题，即等效连续声级，符号“L_{eq}”或“$L_{Aeq,T}$”，它是用一个相同时间内声能与之相等的连续稳定的A声级来表示该时间内的噪声的大小。等效连续声级反映在声级不稳定的情况下人实际所接受的噪声能量的大小，公式如下：

$$L_{Aeq,T} = 10\lg\left[\frac{1}{T}\int_0^T 10^{0.1L_{PA}}dt\right]$$

式中 L_{PA}——某时刻t的瞬时A声级，dB；

T——规定的测量时间，s。

1.1.6.4 昼夜等效声级

由于人们在夜间对环境噪声的要求比白天要求更高，相同声压级的噪声夜间比白天对人们的影响更大，因此人们提出一个新的评价指标——昼夜等效声级（或日夜连续声级），符号为“L_{dn}”。具体方法是先在夜间噪声的基础上增加10dB，然后作加权处理，再用能量平均的方法得出24h A声级的平均值。

$$L_{dn}=10\lg\left[\frac{16\times10^{0.1L_d}+8\times10^{0.1(L_n+10)}}{24}\right]$$

式中　L_d——白天的等效声级，时间是 6：00 至 22：00，一般昼间小时数取 16h；

L_n——夜间等效声级，时间是夜间指 22：00 至次日 6：00，一般夜间小时数取 8h。

昼间和夜间的时间因区域和季节的不同而稍有变更，为了表明夜间噪声对人的干扰更大，故计算夜间等效声级时加上 10dB 的计权。这与我国制定的环境噪声标准同类区域昼间比夜间高 10dB(A)相一致。

1.1.6.5　计权有效连续感觉噪声级

计权有效连续感觉噪声级（LWECPN）用于评价航空噪声的方法，其特点在于既考虑了在 24h 的时间内飞机通过某一固定地点所产生的总噪声级，同时也考虑了不同时间内的飞机对周围环境所造成的影响。一日内计权有效连续感觉噪声级的计算公式如下：

$$L_{WCPN}=\overline{EPNL}+10\lg(N_1+3N_2+10N_3)-39.4$$

式中　$\overline{EPNL}$——N 次飞行的有效感觉噪声级的能量平均值，dB；

N_1——7 时 ~ 19 时的飞行次数；

N_2——19 时 ~ 22 时的飞行次数；

N_3——22 时 ~ 7 时的飞行次数。

公式中不同时段飞行次数 N 前的系数不同,人们对环境噪声要求越高,系数越大,即与昼夜等效声级类似,相同声压级的噪声在深夜对人群的影响要比白天更严重。

1.2　噪声是如何传播的

声波在实际传播过程中，会发生反射、折射、散射、透射、绕射和干涉等现象，改变传播方向或强度。

1.2.1　声波的反射、折射和透射

当声波在空间传播到两媒质的交界面时，会有一部分声波反射回到原来的媒质中Ⅰ，同时一部分声波透射到界面另一侧的第二种媒质Ⅱ中去。“回音墙”的建造就是利用声音传播过程中遇到墙体后会反射回来或者来回地反射数次的声波反射特征。

如果声波垂直入射到分界面上时，以交界面为零点，x 轴反方向是介质Ⅰ，x 正方向是介质Ⅱ，p_i 是入射声波，p_r 是反射声波，p_t 是透射声波，ρ_1，ρ_2 分别表示介质Ⅰ和介质Ⅱ的密度；ρc 为声阻抗率（特性阻抗）（如图 1-7 所示）。此时，声波透射过去后方向不发生改变，只是传递的是声波的部分能量，

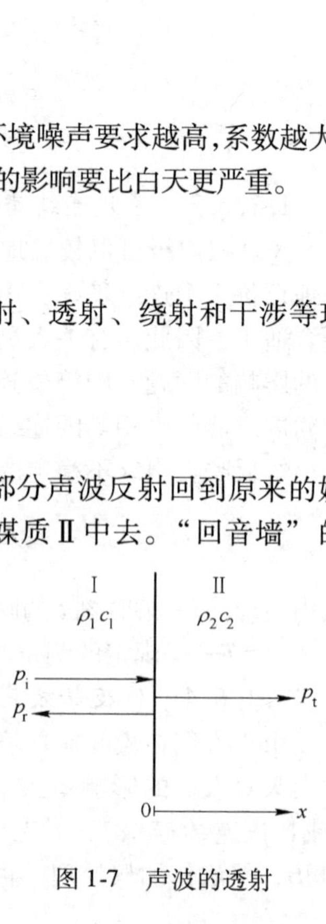

图 1-7　声波的透射

强度会比入射声波弱。

如果声波斜射到两媒质的交界面时，以交界面为零点，x 轴反方向是介质Ⅰ，x 正方向是介质Ⅱ，ρ_1，ρ_2 分别表示介质Ⅰ和介质Ⅱ的密度；ρc 为声阻抗率（特性阻抗）（如图 1-8 所示）。当平面声波与媒质Ⅰ的法线成 θ_i 角入射到两媒质分界面（$x=0$ 处）上时，一部分声波 p_r 按照一定的角度 θ_r 反射回到媒质Ⅰ，另外有一部分声波 p_t 透射到交界面另一侧的媒质Ⅱ中去，此时的透射声波不再按入射声波的方向传播，而是偏转了一定的角度，与法线成 θ_t 角继续在媒质Ⅱ中传播，即发生了声音的折射。

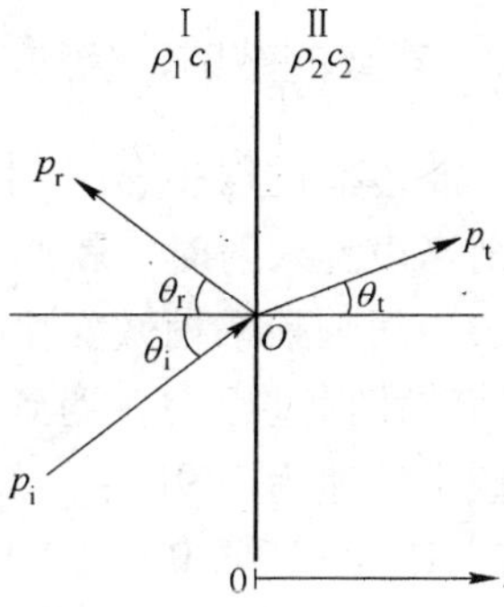

图 1-8 声波的反射和折射

此时入射声波、反射声波和折射声波存在以下关系：

$$\frac{\sin\theta_i}{c_1}=\frac{\sin\theta_r}{c_1}=\frac{\sin\theta_t}{c_2}$$

式中 c_1，c_2——分别表示声波在介质Ⅰ和介质Ⅱ中的声速。由上式看出，入射角与反射角相等。

当两种介质的声阻抗率接近时，即 $\rho_1 c_1=\rho_2 c_2$，声波几乎全部由第一种介质进入第二种介质，全部透射过去。当第一种介质声阻抗率 $\rho_1 c_1$ 远远小于第二种介质声阻抗率 $\rho_2 c_2$ 时，声波大部分都会反射回去，透射到第二种介质的声波能量是很少的。隔音玻璃可以屏蔽建筑外的噪声，使室内保持安静，这些隔音玻璃通常是双层或多层复合结构的夹层玻璃，中间有一定的空隙，空隙的空气被抽薄（接近于真空），由于声波不能在真空中传播，所以隔音玻璃有较好的隔音效果。

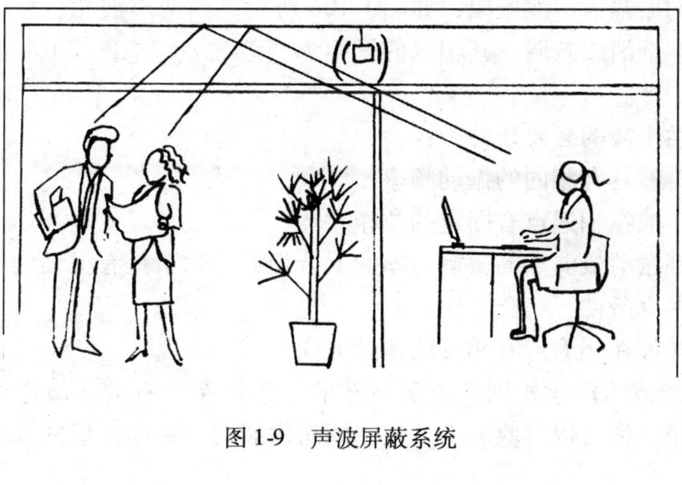
图 1-9 声波屏蔽系统

1.2.2　声波的散射、绕射、干涉

声波传播过程中，遇到的障碍物表面较粗糙或者障碍物的大小与波长差不多，则当声波入射时，就产生各个方向的反射，这种现象称为散射。散射情况比较复杂，而且频率稍微变化时，散射波图有较大的改变。

声波传播过程中，遇到尺寸小于声波波长的障碍物时，声波会产生绕射现象。假定波速为349m/s，人耳能听到的声音的频率范围是20～20kHz，波长为0.017～17m，通常0～250Hz是低频，250～1000Hz为中频，1000～3000Hz为高频。低频噪声与高频噪声不同，高频噪声是那种很尖利的声音，波长很短，随着距离越远或遭遇障碍物，能迅速衰减，如高频噪声的点声源每10m距离就能下降6dB。声源的频率越低，其声波的波长越长，绕射现象越容易发生。“闻其声而不见其人”这种司空见惯的现象，生动的说明了声波具有绕过障碍物继续向前传播的特征。

只要障碍物尺寸小于声波波长时，声波就会发生绕射现象，即声波绕过障碍物继续向前传播。如果障碍物尺寸远大于声波波长且障碍物有孔径与波长相当或远小于波长的小孔洞时，声波会通过小孔，并以小孔为起始点呈半球形继续向前传播，即发生了声波衍射现象。所以在设计隔声屏时，高度、宽度要合理，否则可能发生声波绕射现象，隔音性很差，会干扰附近居民休息。高架桥上面的两侧的挡板就是起到隔声的作用，防止噪声污染。在设计隔声间时，一定要做到密闭，门、窗的缝隙要用橡胶条密封，以免发生声波衍射现象，降低隔声效果。

当几个声源发出的声波在同一种介质中传播时，它们可能会在空间某些点上相遇，相遇处质点的振动是各波引起振动的叠加。如果这些声波的振幅和频率以及相位均不相同，在某一点叠加时，情况相当复杂。而对于两个传播方向相同、频率相同的简单波，当这两个声波在空间某一点处相位相同，那么两波便互相加强，其相遇的振幅为两波振幅，如图1-10a所示；当两声波相位相反，则两声波叠加之和相互抵消或减弱，其相遇的振幅为两者之差，如图1-10b所示，这些现象称为波的干涉。

声波发生干涉的必要条件是：

（1）两声波具有相同的振动频率；

（2）两声波在相遇点有固定的位相差。

若要得到振动最弱点的振幅为零的干涉现象，除了具有上面两个条件外，还要满足下面两个条件：

（3）两光波在相遇点有相反的振动方向；

（4）两光波的振幅相同。由于声波的干涉结果，有的区域声音增大，有的区域声音减小。你可以试验一下，在一间房内装两个一模一样的蜂鸣器（频率相

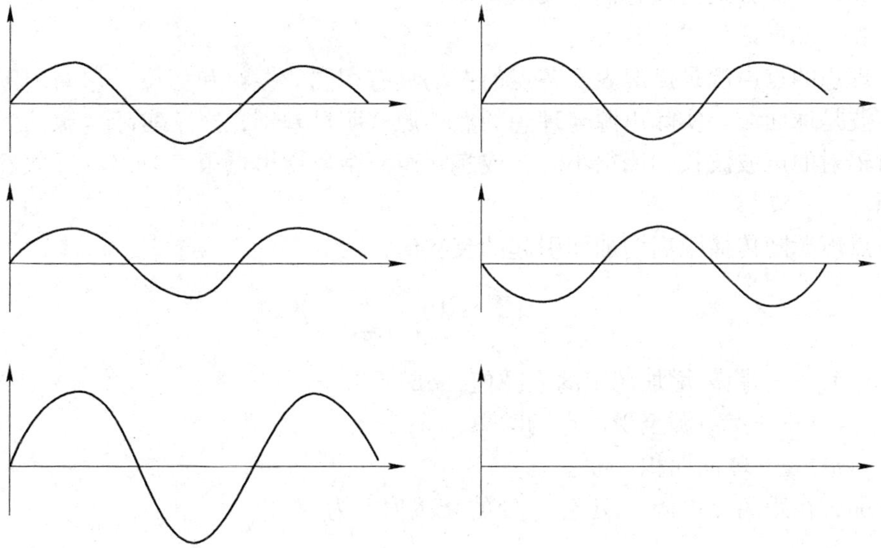

a　　b

图 1-10　声波的干涉图

a—相位相同；b—相位相差 180°

同），让它们同时发声，然后你从一个蜂鸣器走到另一个蜂鸣器，在走的这一段距离内，你一会儿能听见比一个蜂鸣器更大的声音，再往前走声音会减小，再走到一定距离又听不到声音了，再往前走又慢慢增大。

1.2.3 噪声的衰减

噪声从声源传播到受声点，因受传播距离、空气吸收、阻挡物的反射与屏障等因素的影响，会产生衰减。A 声级衰减公式为：

$$L_A(r) = L_{A_{ref}}(r_0) - (A_{div} - A_{ber} - A_{acm} - A_{exc})$$

式中　$L_A(r)$——距声源 r 处的 A 声级；

$L_{A_{ref}}(r_0)$——参考位置 r_0 处的 A 声级；

A_{div}——声波几何扩散引起的 A 声级衰减量；

A_{ber}——声屏障引起的 A 声级衰减量；

A_{acm}——空气吸收引起的 A 声级衰减量；

A_{exc}——附加衰减量。

1.2.3.1 噪声随传播距离的衰减

噪声在传播过程中由于距离增加而引起的几何发散衰减与噪声固有频率无关。声波的衰减强度与声源的形状有关系，声源一般分为点声源、线声源和面声源3类，下面分别简述它们的衰减规律。

A　点声源的扩散衰减

理想的点声源是声源表面各点的振动具有相同的振幅和相位，它向周围辐射的声波是球面波。实际声源与理想的点声源有明显差别，当某实际声源的大小与其所辐射的声波波长相比很小时，或实际声源距离受声点很远时，可近似看做点声源。

点声源随传播距离增加而引起的衰减值，为

$$A_{div} = 10\lg \frac{1}{4\pi r^2}$$

式中　A_{div}——距离增加产生的衰减值，dB；

r——点声源至受声点的距离，m；

$4\pi r^2$——球面面积，m^2。

那么在距离点声源 r_1 处至 r_2 处的衰减值，为

$$A_{div} = 20\lg \frac{r_1}{r_2}$$

当 $r_2 = 2r_1$，$A_{div} = -6$dB，即点声源的声音传播距离增加一倍，衰减值是6dB。

B　线声源的几何发散衰减

铁道上运行的列车、平直公路上行驶的车队都可以看做是线声源。线声源辐射的声波是柱面波。下面根据线声源的不同组成，简述线声源的衰减规律。

线声源随传播距离增加而引起的衰减值为

$$A_{div} = 10\lg \frac{1}{2\pi rl}$$

式中　A_{div}——距离增加产生的衰减值，dB；

r——线声源至受声点的垂直距离，m；

l——线声源的长度，m；

$4\pi rl$——圆柱面面积，m^2。

a　离散声源组成的线声源

在平直公路上行驶的一队汽车，就是一个由离散声源组成的线声源。如果各车前后相邻的距离为 d，声功率级相等，且每辆车都可以看做是点声源，则距离这个线声源 r_0 处的 O 点声压级为各声源在该点的声压级之和，每辆汽车所辐射至 O 点的声功率级为 L_W（图1-11）。

图1-11　离散声源组成的线声源

O 点的声压级分以下两种情况计算：

当 $r_0 > \frac{d}{\pi}$ 时，　　$L_P = L_W - 10\lg r_0 - 10\lg d - 6$

当 $r_0 \leqslant \frac{d}{\pi}$ 时，　　$L_P = L_W - 20\lg r_0 - 11$

上述分析说明，当 $r_0 \leqslant \frac{d}{\pi}$，即受声点离车队距离小于$\frac{1}{3}$车辆间的距离时，仅有靠近 O 点的声源影响显著，相当于点声源的扩散衰减；只有当 $r_0 > \frac{d}{\pi}$，即受声点离车队距离大于$\frac{1}{3}$车辆间的距离时，要考虑所有声源的影响，此时符合线声源的衰减规律。

在线声源声场中某两点 r_1、r_2 的声压级差为 $A_{div} = L_{P_1} - L_{P_2} = 10\lg\frac{r_2}{r_1}$，当 $r_2 = 2r_1$ 时，$A_{div} = 3$dB，说明线声源声场中，距离加 1 倍，声级衰减 3dB。

b　有限长连续线声源

列车在轨道上行驶，可以看做是连续线声源。有限长连续线声源的总声功率 W 均匀地分布在有限长 l 上，单位长度的声功率为 W/l，换算出声功率级，用 L_W 表示单位长度线声源所辐射的声功率级。距声源 r_0 处测点 O 的声压级可按以下两种情况计算（图 1-12）。

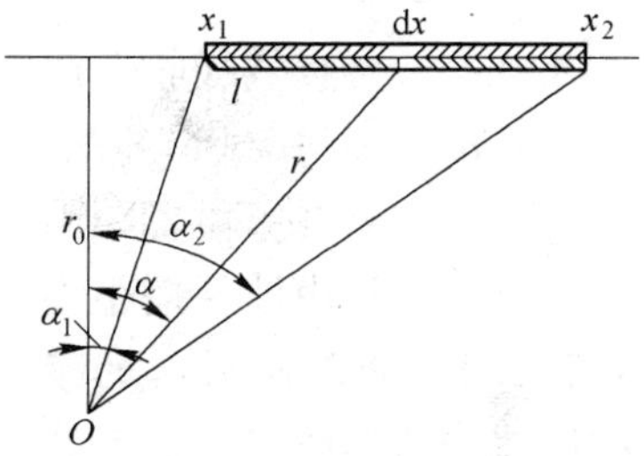

图 1-12　有限长连续线声源

当 $r_0 > \frac{l}{\pi}$ 时，　　$L_P = L_W - 20\lg r_0 - 11$

当 $r_0 \leqslant \frac{l}{\pi}$ 时，　　$L_P = L_W - 10\lg r_0 - 10\lg l - 6$

由上式可以看出当 $r_0 > \frac{l}{\pi}$，即受声点离列车距离约大于三分之一列车长度时，距离增加 1 倍，声级衰减 6dB，按点声源来处理。仅当 $r_0 \leqslant \frac{l}{\pi}$，即受声点离列车距离明显小于列车长度时，要考虑所有声源的影响，符合线声源的衰减规律，距离增加 1 倍，声级衰减 3dB。

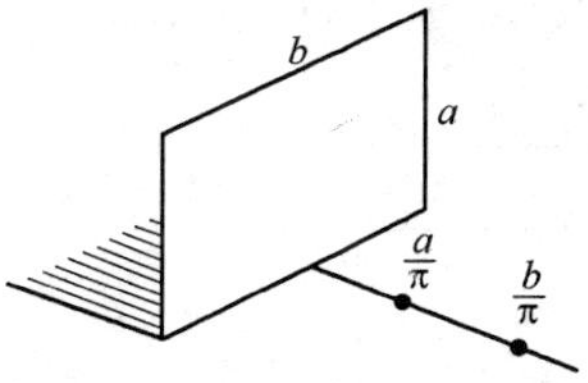

图 1-13　面声源衰减示意图

C　面声源的扩散衰减

在工厂中，车间内的生产性噪声通过车间墙体辐射声能，假设墙体表面辐射的声能分布是均匀的，则可近似作为一个面声源。设车间墙体高 a 米，长 b 米，如图 1-13 所示。

其衰减值与距离 r 的关系为：

当 $r < \frac{a}{\pi}$ 时，不衰减，$A_{div} = 0$

当 $\frac{b}{\pi} > r > \frac{a}{\pi}$ 时，在 r 处，距离 r 每增加 1 倍，$A_{div} = -(0 \sim 3)$dB，与线声源的衰减类似。

当 $b > r > \frac{b}{\pi}$ 时，在 r 处，距离 r 每增加 1 倍，$A_{div} = -(3 \sim 6)$dB。

当 $r > b$ 时，距离每增加 1 倍，$A_{div} = -6$dB，按点声源的衰减规律衰减。

1.2.3.2　空气吸收衰减

声波在介质中传播时，由于介质的内摩擦、黏滞性、导热性等特性使声能不断被介质吸收转化为其他形式的能量，使声强逐渐衰减，这种衰减称为吸收衰减。空气吸收衰减的公式如下：

$$A_{oct,atm} = \frac{\alpha(r - r_0)}{100}$$

式中　$A_{oct,atm}$——空气吸收造成的衰减值；

α——每 100m 空气的吸收系数，其值与温度、湿度有关；

r_0——参考位置距声源的距离，m；

r——声波传播距离，即预测点距声源的距离，m。

1.2.3.3　声屏障引起的衰减

在声波传播的路径上，设置由密实材料制成的板或墙，称为障板。它使声波的传播受到阻碍，声波越过障板后，声级明显降低，称障板衰减或声屏障衰减。

声屏障的衰减值与声源和接收点，屏障的位置、屏障高度和屏障长度及结构性质有关，其最大值不超过 24dB(A)。声屏障实际衰减值的估算，一般是先根据声源、接收点和声屏障相互之间的距离，声音的频率计算出菲涅尔数（N），然后从障板及其声衰减曲线（图 1-14）查得相对应的衰减值。

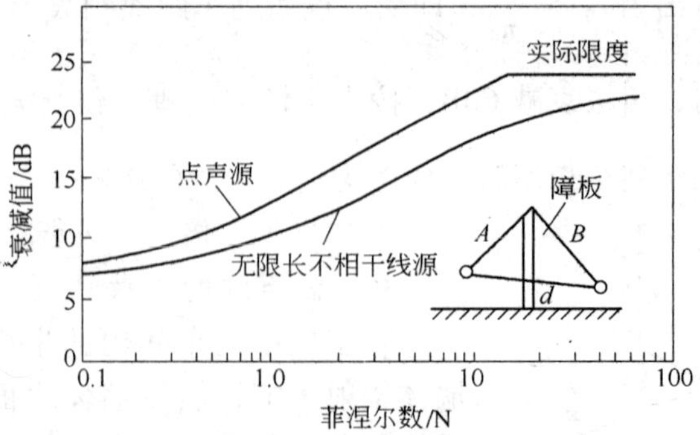

图 1-14　障板及其声衰减曲线

$$N = \frac{2(A + B - d)}{\lambda}$$

式中 A——声源与屏障顶端的距离；

B——接收点与屏障顶端的距离；

d——声源与接收点的距离；

λ——波长。

1.2.3.4 附加衰减

附加衰减包括声波在传播过程中由于云、雾、温度梯度、风而引起的声能量衰减及地面反射和吸收，或近地面的气象条件等因素所引起的衰减。

应当注意，在实际应用中，不管传播距离多远，地面效应引起的附加衰减量上限值为10dB(A)；在声屏障和地面效应同时存在的条件下，其衰减量之和的上限值为25dB(A)。

1.2.3.5 噪声从室内向室外传播的声级差

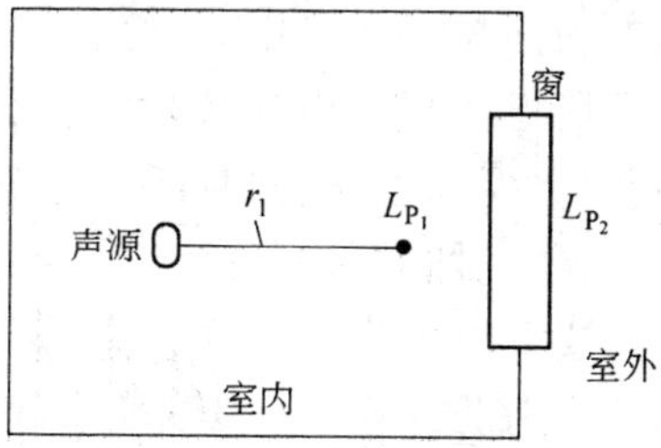

图 1-15 噪声从室内向室外传播

如图 1-15 所示，声源位于室内，设靠近开口处（或窗户）的室内、室外的声级分别为 L_{P_1} 和 L_{P_2}，则一般有

$$NR = L_{P_1} - L_{P_2} = TL + 6$$

式中，TL 为隔墙（或窗户）的传输损失。由此可以看出噪声从室内向室外传播，其声级至少减少 6dB(A)。

1.2.4 噪声的反射效应

当点声源与受声点处在反射体附近，到达受声点的声级是直达声与反射声叠加的结果，从而使受声点的声级增高（图 1-16）。

在下列情况下反射体所引起的声级增加量不可忽略：

（1）反射体表面平整、光滑、坚硬；

（2）反射体尺寸远大于所有声波的波长；

（3）入射角 θ 小于 85°。

反射引起的声级增加量（ΔL_r）可按以下关系估计（$a = r / r_r$）：

当 a 接近 1 时，$\Delta L_r = 3$dB(A)；

当 a 接近 1.4 时，$\Delta L_r = 2$dB(A)；

当 a 接近 2 时，$\Delta L_r = 1$dB(A)；

当 $a > 2.5$ 时，$\Delta L_r = 0$dB(A)。

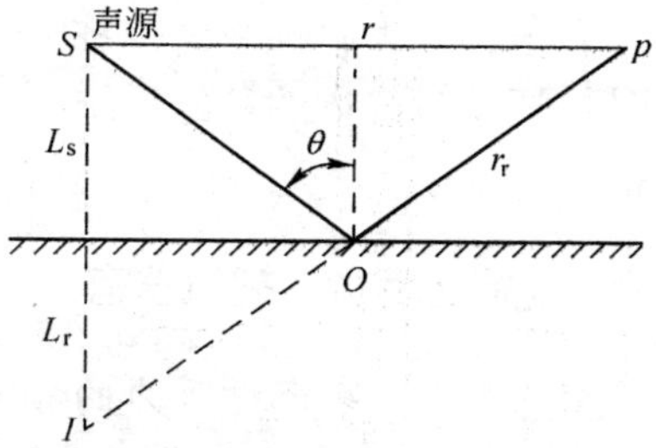

图 1-16 反射体对声级的影响

室内的声波遇到四周墙面、地面和顶棚

会产生反射，而这种反射过程是往复多次的。如果这些反射声在直达声到达听者50ms后仍多次反射而继续存在，直到一段时间后才衰减消失，听起来有一种余音不绝的感觉。这种过程与现象称为混响，即交混回响之意。声学家赛宾(sabine)通过研究后提出：当声源停止发声后，残余的声能在室内往复反射，经吸收衰减，其声能密度下降为原来值的百万分之一所需要的时间，或者说，室内声能密度衰减60dB所需要的时间称为混响时间，其计算公式为

$$T = \frac{0.163V}{aS}$$

式中 T——混响时间，s；

V——房间容积，m^3；

a——房间内所有表面材料的平均吸声系数；

S——室内总表面积，m^2。

适度的混响，可以明显的改善声音质量，改变音乐的音色和风格。当一座厅堂容积V已经确定时，通过选取不同吸声系数的内表面材料，可以控制房间的总吸声量，进而控制房间的混响时间。最佳混响时间是指在某一声学环境中，试听或记录某种节目（如演讲、音乐等）达到最佳听觉效果时的混响时间。不同大小的房间作不同用途时，有不同的最佳混响时间和混响时间频率特性，一般是在响度要求和清晰度之间取折中。教室、起居室、会议室、报告厅、大会堂等专门或主要为语言应用的建筑，以及办公室、实验室等脑力劳动场所，要求短暂的混响时间。音乐厅、剧院等则需要较长的混响时间。有时奏音乐，有时做报告的多功能厅堂，其混响时间用中间值。

1.3 噪声有哪些危害

工矿企业、交通运输、商业经营、文化娱乐，以及人们的各种社会活动产生的噪声，已经同大气污染、水污染和生活垃圾排放一样，已经成为一种严重的社会公害。噪声污染是一种无形的污染，一种感觉性公害，一种影响面最广的环境污染，广泛地影响着人们的各种活动，具有局部性、暂时性和多发性的特点。由于其危害性大，噪声又被称为“致人死命的慢性毒药”。强噪声除了可导致耳聋外，还可对人体的神经系统、心血系统、消化系统以及生殖机能等产生不良的影响。

1.3.1 损伤听觉、视觉器官

1.3.1.1 噪声对听力的损害

我们都有这样的经验，从飞机上下来或从锻压车间出来，耳朵总是嗡嗡作响，甚至听不清对方说话的声音，过一会儿才会恢复。这种现象叫做听觉疲劳，

图 1-17 噪声已成为一种严重的社会公害

是人体听觉器官对外界环境的一种保护性反应。如果人长时间遭受强烈噪声作用，听力就会减弱，进而导致听觉器官的器质性损伤，造成听力下降。据统计，当今世界上有 7000 多万耳聋者，其中相当部分是由噪声所致。专家研究已经证明，家庭室内噪声是造成儿童聋哑的主要原因。

噪声对听力的损伤是噪声危害中认识最早的一种影响。早在 1886 年，英国格拉斯的一名医生托马斯·巴尔曾就噪声对人的听力影响进行了著名的研究。他通过对几组人（轮船锅炉制造工、铸造工、邮递员）的比较，发现接触强噪声的锅炉制造工的听力受损害最严重，而邮递员的听力最好。近年来关于噪声对听觉影响的研究有了很大的进展，大量的调查和研究证明，强噪声会造成耳聋。根据国际标准化的规定，暴露在强噪声下，人耳对 500Hz，1000Hz 和 2000Hz 三个频率的平均年听力损失超过 25dB，称为噪声性耳聋。据美国学者观察，生活在嘈杂环境中的 8 个月婴儿，对大小、距离的方向的理解力均比正常儿童低；法国研究人员的试验也显示，噪声在 55dB 时，孩子的错误理解率为 4.3%，60dB 时上升至 15%。

人耳听力损失的频率从 4000Hz 左右开始，然后是其相邻的频率（2000Hz、6000Hz、8000Hz…）。一个人 4000Hz 或 6000Hz 频率的听力损失 40 ~ 50dB，往往是察觉不出来的，也不影响日常语言的听力。但对欣赏音乐是不利的，如长笛等乐器的高频声就可能听不到了，而对一些辅音，特别是含有高频率的“斯”、“吃”等音，往往容易混淆。

长期工作在高噪声环境下而有没有采取任何有效的防护措施，可导致永久性的无可挽回的听力损失，甚至导致严重的职业性耳聋。国内外现都已把职业性耳聋列为重要的职业病之一。在不同噪声级下长期工作，耳聋发病率的统计结果如表 1-3 所示。从表中可以看出，工作环境噪声级在 80dB(A)以下，才能保证长期工作不致耳聋。

表 1-3　噪声性耳聋发病率

等效连续 A 声级 /dB(A)	噪声暴露时间/年							
	5	10	15	20	25	30	35	40
≤80	0	0	0	0	0	0	0	0
85	1	3	5	6	7	8	9	10
90	4	10	14	16	16	18	20	21
95	7	17	24	28	29	31	32	29
100	12	29	37	42	43	44	44	41
105	18	42	53	58	60	62	61	54
110	26	55	71	78	78	77	72	62
115	36	71	83	87	84	81	75	64

1.3.1.2　噪声对视力的损害

人们只知道噪声影响听力，其实噪声还影响视力。当噪声强度达到 90dB 时，人的视觉细胞敏感性下降，识别弱光反应时间延长；噪声达到 95dB 时，有 40%的人瞳孔放大，视觉模糊；而噪声达到 115dB 时，多数人的眼球对光亮度的适应都有不同程度的减弱。所以长时间处于噪声环境中的人很容易发生眼疲劳、眼痛、眼花和视物流泪等眼损伤现象。同时，噪声还会使色觉发生异常。调查发现噪声对红、蓝、白三色视野缩小 80%。

1.3.2　对睡眠的干扰

睡眠对人是极其重要的，它能够使人的新陈代谢得到调节，使人的大脑得到休息，从而消除体力和脑力疲劳。所以保证睡眠是关系到人体健康的重要因素，但是噪声会影响人的睡眠质量和数量，当睡眠受到噪声干扰后，工作效率和健康都会受到影响，老年人和病人对噪声干扰尤其敏感。干扰睡眠和休息的噪声级阈值白天为 50dB，夜间为 45dB。研究结果表明，连续噪声可以加快熟睡到轻睡的回转，使人多梦，熟睡的时间缩短，突然的噪声可使人惊醒。一般来说，40dB 的连续噪声可使 10% 的人睡眠受到影响，达到 60dB 时，可使 70% 的人惊醒。

1.3.3　对交谈、通讯、思考的干扰

噪声妨碍人们之间的交谈、通讯是常见的，人们的思考也是语言思维活动，其受噪声的干扰影响与交谈是一致的。如果噪声级与谈话声相近，就会干扰人们正常谈话，如果噪声级高于谈话声 10dB，说话就听不见了。普通谈话声是 60dB(A)左右，大声谈话也不过 70 ~ 80dB(A)。因此，当噪声级到了 65dB(A)

图 1-18 深夜施工严重影响睡眠

以上，就干扰了普通谈话，必须提高噪音才能交谈；到了85dB(A)，就根本听不见了；达到90dB(A)以上，就是大声喊也听不清楚（表1-4）。

表 1-4 噪声对交谈、通信的干扰

噪声级/dB(A)	主要反应	保证正常谈话距离/m	交谈质量
45	安静	10	很好
55	稍吵	3.5	好
65	吵	1.2	较困难
75	很吵	0.3	困难
85	太吵	0.1	无法进行

近年来，国外某些大型城市交通噪声剧增，大街上的噪声有时达到85～90dB(A)。意大利报刊报道，在交通阻塞的街上，噪声甚至到了100dB，为了打听一下道路也得借助于高音喇叭，不然的话，就是站在对面也什么都听不到。有的国家甚至出现了警察戴上耳塞指挥交通的情况。

1.3.4 对人体的生理影响

1.3.4.1 损害心血管

噪声是心血管疾病的危险因子，噪声会加速心脏衰老，增加心肌梗塞发病率。医学专家经人体和动物实验证明，长期接触噪声可使体内肾上腺分泌增加，从而使血压上升，在平均70dB的噪声中长期生活的人，可使其心肌梗塞发病率增加30%左右，特别是夜间噪声会使发病率更高。强烈噪声还可使血脂成分中甘油三酯上升，这对心脏极为不利。生活在高速公路旁的居民，心肌梗塞率增加

图 1-19　噪声影响人们思考问题

了 30% 左右。调查 1101 名纺织女工，高血压发病率为 7.2%，其中接触强度达 100dB 噪声者，高血压发病率达 15.2%。

噪声还会引起人体紧张的反应，使肾上腺素增加，引起心率改变和血压升高。一些工业噪声的调查结果表明，在高噪声条件下工作的钢铁工人和机械车间工人比安静条件下工作工人的循环系统的发病率要高，患高血压的病人也多。把兔子放在 80dB 的工业噪声环境下生活 10 周，发现实验兔子的血胆固醇比同样饮食条件下未做实验的兔子要高 1 倍。对小学生的调查还发现，经常暴露于飞机噪声下的儿童比安静环境下的儿童血压要高。20 世纪工业生产噪声和交通噪声的提高，是造成心脏病发病率高的重要原因之一。

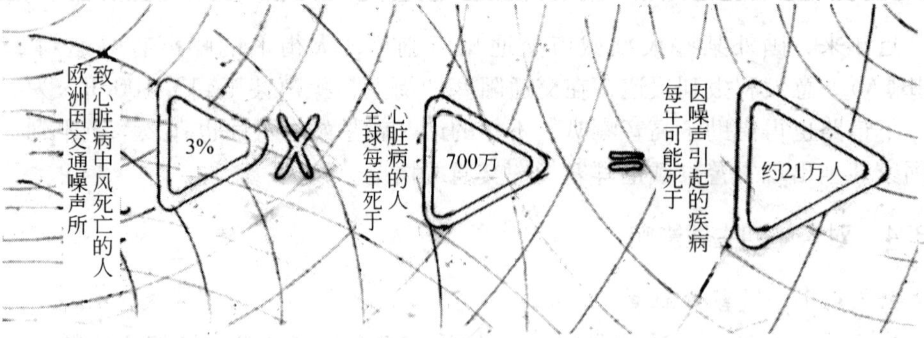

图 1-20　欧洲每年死于交通噪声引起的疾病人数

1.3.4.2　引起消化系统方面的疾病

很早以前，就有人注意到长期暴露在噪声环境下的工人，其消化功能有明显的改变。一些研究表明，某些吵闹的工业行业里，溃疡症的发病率比安静环境的高5倍。通过人和动物的实验都表明，在高于80dB(A)的噪声环境中，肠蠕动要减少37%，随之而来的是胀气和肠胃不舒适的感觉。当噪声停止时，肠蠕动由于过量的补偿，其节奏大大加快，幅度也增大，结果会引起消化不良，长时间的消化不良往往造成溃疡症。

1.3.4.3 引起神经系统功能紊乱、精神障碍、内分泌紊乱甚至事故率升高

高噪声的工作环境，可使人出现头晕、头痛、失眠、多梦、全身乏力、记忆力减退以及恐惧、易怒、自卑甚至精神错乱，特别强烈的噪声还可导致神经失常、休克甚至危及生命。此外，强噪声会刺激内耳腔的前庭，使人晕眩、恶心、呕吐，如晕船一般。超过140dB的噪声甚至会引起眼球振动，视觉模糊，呼吸、脉搏、血压都发生波动，全身血管收缩，使供血减少，甚至说话能力受到影响。

1.3.5 对人体心理的影响

噪声引起的心理影响主要是使人激动、易怒，甚至失去理智。因住宿噪声干扰发生民间纠纷的事件时常发生。

噪声也容易使人疲劳，因此往往会影响精力集中和工作效率，尤其是对一些做非重复性动作的劳动者，影响更为明显。

另外，由于噪声的掩蔽效应，往往使人不易察觉一些危险信号，从而容易造成工伤事故。美国根据不同工种工人医疗和事故报告的研究发现，比较吵闹的工厂区域易发生事故，如美国总铁路局对22个月里发生的、引起25名铁路职工死亡的19起事故进行分析，认为主要原因是噪声大。

1.3.6 对儿童和胎儿的影响

噪声会影响少年儿童的智力发育，在强噪声环境下，老师讲课听不清，会造成儿童对讲授的内容不理解，长期下去，显然会影响知识增长，造成智力发展慢。有人做过调查，吵闹环境下的儿童智力发育比安静环境中的低20%。

此外，噪声对胎儿也会造成有害影响。研究表明，噪声会使母体产生紧张反应，引起子宫血管收缩，以至影响供给胎儿发育所必需的养料和氧气。此外，噪声还影响胎儿的体重，日本曾对1000多个出生婴儿进行研究，发现吵闹区域的婴儿体重轻的比例要高，这些婴儿的体重在5.5磅以下，相当于世界卫生组织早产儿定义的体重。这很可能是由于噪声的影响，使某些影响胎儿发育的荷尔蒙偏低。

国内相关专家曾在哈尔滨、北京和长春等7个地区经过为期3年的系统调查，结果发现噪声不仅能使女工患噪声聋，且对女工的月经和生育均有不良影响。另外可导致孕妇流产、早产，甚至可致畸胎。国外曾对某个地区的孕妇普遍

发生流产和早产作了调查，结果发现她们居住在一个飞机场的周围，罪魁祸首正是那起飞降落的飞机所产生的巨大噪声。

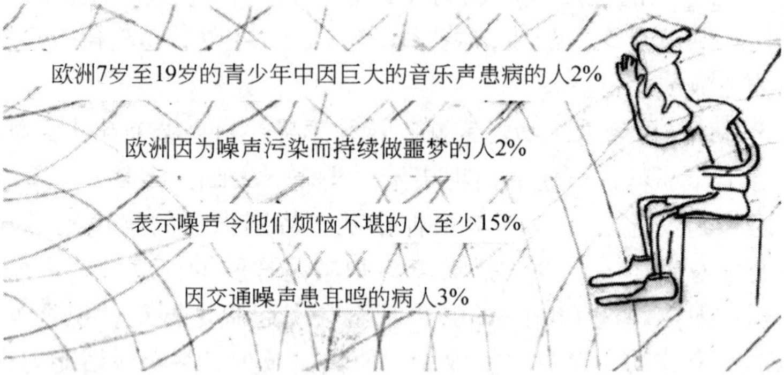

图 1-21　欧洲各种受噪声影响程度的人口比例

1.3.7　对动物的影响

噪声对自然界的生物也是有影响的。如强噪声会使鸟类羽毛脱落，不产卵，甚至会使其内出血和死亡。20 世纪 60 年代初期，美国空军的 F-104 喷气式飞机在俄克拉荷马城上空做超音速飞行试验，每天飞越 8 次，高度为 10000m，为期 6 个月。结果，在飞机轰声的作用下，一个农场 1 万只鸡只剩下 4000 千只，虽然还有其他一些死亡原因，但主要原因是被轰声杀死。据其化验结果显示，暴露于轰声下的鸡脑神经细胞与未暴露的有本质差别，受暴露的鸡脑细胞中尼塞尔物质（尼塞尔聚酰胺纤维）大大减少。高强声实验证明，170dB 的噪声 5min 可使豚鼠死亡。

1.3.8　对物质结构的影响

飞机作超音速飞行时产生的冲击波，一般称为轰声，因为人们会听到“砰”的响声，有如爆炸声。轰声虽然是一种脉冲声，但由于它的能量可观，故其具有一定的破坏力。英法合作研制的协和式飞机在试飞过程中，航道下面的一些古老建筑，如教堂等，由于轰声的影响受到了破坏，出现了裂缝。

150dB 以上的强噪声，由于声波振动会使金属结构疲劳，遭到破坏。由于声疲劳造成飞机或导弹失事的严重事故也有发生。据实验，一块 0.6mm 的铝板，在 168dB 的无规律噪声作用下，只要 15min 就会断裂。

火箭、导弹一类的空间运载工具，其噪声强度更大，如土星火箭声功率级达 195dB，离发射点 200m 处噪声级仍达 143dB，远至十公里外也还有 100dB。在它们周围受损坏的建筑构造就更多了。

除了超声速飞机之外，工厂中的机器和城市施工的噪声与振动，对建筑物也有一定的破坏作用。如噪声和振动剧烈的振动筛、大型空气锤、发动机试验站、城市施工的打桩、爆破等，都有将建筑物墙震裂、瓦震落、玻璃震碎的实例。

在高声强（160dB 以上）作用下，不仅建筑物受损，就是对发声的机体本身也可能因“声疲劳”而损坏。在极强的噪声作用下，灵敏的自控、遥控设备会失灵，从而使自控遥控失效。因此，近年来，对高声强的研究越来越引起人们的注意了。

建筑物在轰声下都受到那么大的损害，人受到轰声的刺激就可想而知了。当人们突然受到轰声侵袭时，有的发生“瞬间休克”现象，即在一瞬间昏迷过去，什么也不知道了。在轰声下只要暴露五分钟，就会使人们整天头昏。

1.4　我们的生活环境对噪声有什么要求

城市环境噪声不但影响人的身心健康，也干扰人们工作、学习和休息，使正常的工作生活环境受到破坏。那么究竟应当把噪声降到多低呢？也许有人会说：最好把噪声都消除掉。但这是不必要的，也是不经济的。

噪声对人的影响不但与噪声的物理特征（如声强、频率、噪声持续时间等）有关，还与噪声暴露时间、个体差异等因素有关。因此必须对环境噪声加以控制，但控制到什么程度是一个复杂问题，要考虑听力保护，对人体健康的影响，以及人们对噪声的烦恼，又要考虑目前的经济、技术条件。为此，要对不同场所和不同时间的噪声暴露加以限制，这一限制值就是噪声标准。噪声标准是指在不同情况下所容许的最高噪声声压级。噪声标准是对噪声污染行政管理和技术控制的依据。

1.4.1　城市区域环境噪声的要求

为了提供满意的声学环境，保证人们正常工作、学习和休息，世界各国都颁布了一系列环境噪声标准。各国的环境噪声标准不完全相同，同一国家也因各地区情况不同而有差别。标准有的按地区性质，如工业区、商业区、住宅区等分类制定允许声级；有的根据房间用途规定容许声级，并对不同时间如白天和夜间、夏天和冬天，以及不同的噪声特性修正。

就保护听力而言，一般认为每天 8h 在 80dB 以下听力不会损失，而在声级分别为 85dB 和 90dB 环境中工作 30 年，根据国际标准化组织（ISO）的调查，耳聋的可能性分别为 8% 和 18%。在声级 70dB 环境中，谈话感到困难。干扰睡眠和休息的噪声级阈值白天为 50dB，夜间为 45dB，我国提出的环境基本噪声允许范围见表 1-5，也就是我国的环境基本噪声。

表 1-5　我国环境基本噪声允许范围　(dB(A))

人的活动	最高值	理想值
体力劳动（保护听力）	90	70
脑力劳动（保证语言清晰度）	60	40
睡　眠	50	30

各种环境噪声标准的制订都是依据环境基本噪声，根据不同时间、不同地区和室内噪声受室外噪声影响的修正值以及本国具体情况来制订的，我国各种噪声影响的修正值分别见表 1-6、表 1-7 和表 1-8。

表 1-6　一天不同时间对基数的修正值　(dB(A))

时　间	修正值
白　天	0
晚　上	-5
夜　间	-10 ~ -15

表 1-7　不同地区对基数的修正值　(dB(A))

地　区	修正值	地　区	修正值
农村、医院、休养区	0	居住、工商业、交通混合区	+15
市郊、交通量很小的地区	+5	城市中心（商业区）	+20
城市居住区	+10	工业区（重工业）	+25

表 1-8　室内噪声受室外噪声影响的修正值　(dB(A))

窗户状况	修正值
开　窗	-10
关闭的单层窗	-15
关闭的双层窗或不能开的窗	-20

我国根据《中华人民共和国环境保护法》，在进行大量的调查研究基础上，于 1982 年颁布了《城市区域环境噪声标准》（GB 3096—82），将城市按不同社会功能划分为五类区域，规定各类区域的环境噪声标准。在总结十年的执行情况后，1993 年该标准经修改后重新颁布（GB 3096—1993），见表 1-9。

表 1-9　我国城市区域环境噪声标准　(dB(A))

类　别	适用区域	昼　间	夜　间
0	特殊安静区（疗养院、高级别墅区）	50	40
1	居住、文教机关区	55	45
2	居住、商业、工业混杂区	60	50
3	工业区	65	55
4	交通干线道路两侧	70	55

我国《城市区域环境噪声标准》各类标准的使用区域如下：

（1）0类标准适用于疗养区、高级别墅区、高级宾馆区等特别需要安静的区域，白天应保证需要休息的人员能够睡眠，所以昼间的噪声标准为50dB(A)，与表1-4中的睡眠噪声允许最高值一致。若此区域位于城郊和乡村，则此标准分别应变为昼间45dB(A)，夜间35dB(A)。

（2）1类标准适用于以居住、文教机关为主的区域。乡村居住环境可参照执行该类标准。

（3）2类标准适用于居住、商业、工业混杂区。参照表1-5白天应保证语言清晰，因此昼间应低于60dB(A)；夜间要保证人们正常睡眠，因此要低于50dB(A)。

（4）3类标准适用于工业区。

（5）4类标准适用于城市中的交通干线道路的两侧区域，穿越城区的内河航道的两侧区域。穿越城区的铁路主、次干线的两侧区域的背景噪声（指不通过列车时的噪声水平）限值也执行该类标准。此标准值内应保证体力劳动者的听力受到保护，所以昼间噪声设置为70dB(A)，这也与表1-5一致。

上述标准指户外允许噪声级，测量点选在受影响的居民或工作建筑物外1m，传声器高于地面1.2m以上的噪声影响敏感处（例如窗外1m处）。如必须在室内测量，则标准应低于所在区域10dB(A)，这与表1-8中的修正值一致。夜间突发噪声，其最大值不准超过标准值的15dB(A)。

1.4.2 工业企业厂界噪声的要求

为控制工业企业对外部环境的噪声污染，对于工业企业，《工业企业厂界噪声标准值》（GB 12348—90）规定了工厂及有可能造成噪声污染的企事业单位的噪声标准值。各类厂界噪声标准值见表1-10。

表1-10 厂界噪声标准值等效声级 (dB(A))

类别	昼间	夜间	类别	昼间	夜间
Ⅰ	55	45	Ⅲ	65	55
Ⅱ	60	50	Ⅳ	70	55

各类别标准值适用范围规定：

（1）Ⅰ类标准适用于以居住、文教机关为主的区域。

（2）Ⅱ类标准适用于居住、商业、工业混杂区及商业中心区。

（3）Ⅲ类标准适用于工业区。

（4）Ⅳ类标准适用于城市中的交通干线道路两侧区域。

值得注意的是，由于表1-10中的Ⅰ类标准、Ⅱ类标准、Ⅲ类标准及Ⅳ类标准与表1-9中的1类标准、2类标准、3类标准及4类标准所适用的环境区域一致，所以其噪声限值完全相等。同时由于特殊安静区（疗养院、高级别墅区）不允许建设工厂，所以与城市区域环境噪声标准相比没有 0 级标准。对于夜间频繁突发的噪声（如排气噪声），其峰值不超过标准值 10dB；夜间偶然突发的噪声（如短促鸣笛声），其峰值不准超过标准值 15dB。

1.4.3　建筑施工场界噪声的要求

我国颁布的《建筑施工场界噪声限值》（GB 12523—1990），规定了城市建筑施工期间施工场地不同施工阶段的作业限值（表 1-11），适用于城市建筑施工期间施工场地。表中所列噪声值是指与敏感区域相应的建筑施工场地边界线处的限值，如有几个施工阶段同时进行，以高噪声阶段的限值为准。

表 1-11　建筑施工场界噪声限值等效声级　(dB(A))

施工阶段	主要噪声源	噪声限值	
		昼　间	夜　间
土石方	推土机、挖掘机、装卸机等	75	55
打　桩	各种打桩机	85	禁止施工
结　构	混凝土搅拌、振捣棒、电锯等	70	55
装　修	吊车、升降机等	65	55

1.4.4　机场周围飞机噪声的要求

机场周围的飞机噪声应满足《机场周围飞机噪声标准》（GB 9660—88）（表 1-12）的要求。

表 1-12　机场周围飞机噪声标准

适 用 区 域	标准值（LWECPN）
一类区域	≤70
二类区域	≤75

表中一类区域指特殊住宅区，居住，文教区，二类区域指除一类区域以外的生活区，两类区域的具体范围由当地人民政府划定。

1.4.5　健康和听力保护的噪声要求

理想的健康和听力保护标准应为 70dB，在考虑实际标准时，还要兼顾大多数人不受噪声的危害和经济上的合理性。

健康和听力保护的噪声声压级标准与接触时间密切相关，国际标准化组织在其推荐的标准中规定，为了保护听力，按每周 40h 工作时间，容许噪声标准为

90dB，噪声级每提高 3dB，噪声接触时间减半。在任何情况下，噪声都不应超过保护听力的极限声级 115dB。目前世界上大多数国家采用的标准是每天接触 8h 或每周接触 40h 噪声级为 90dB，少数国家采用 85dB。人在噪声环境中接触时间减半，噪声级可提高 3 ~ 5dB。

我国颁布的《工业企业噪声卫生标准》（试行草案）规定，工业企业生产车间和作业场所的噪声标准为 85dB，现有些企业经过努力暂时达不到该类标准时，可放宽到 90dB。不同接触时间的相应标准见表 1-13 和表 1-14。

表 1-13　工业企业噪声卫生标准

每个工作日接触噪声的时间/h	8	4	2	1	最高不超过 115
允许噪声/dB(A)	85	88	91	94	

表 1-14　现有企业暂时达不到标准的参考值

每个工作日接触噪声的时间/h	8	4	2	1	最高不超过 115
允许噪声/dB(A)	90	93	96	99	

噪声剂量（D）为实际噪声暴露时间（$T_{实}$）与容许暴露时间（T）之比值。

$$D = \frac{T_{实}}{T}$$

通常可以根据噪声剂量的大小来判断工业企业生产车间和作业场所工作人员所接受的噪声是否超过安全标准。如果噪声剂量大于 1，则在场工作人员所接受的噪声已超过安全标准。

例 1-1　某车间工人，8 个小时生产 100 个零件，每个零件的加工时间为 3min，车间内的噪声级为 90dB(A)，计算噪声剂量（D），并且以现有的企业标准评价是否超过安全标准？

解：总暴露时间为：$T_{总} = 3\text{min} \times 100 = 300\text{min}$ 即 6 个小时。

从表 1-14 可知：$T = 8\text{h}$，故

$$D = \frac{6}{8} = 0.75 < 1$$

结论是工作噪声环境没有超过噪声安全标准。

通常每天所接受的噪声往往不是某一固定声级，此时噪声剂量应按照具体声级和相应的暴露时间进行计算，即：

$$D = \frac{T_{实1}}{T_1} + \frac{T_{实2}}{T_2} + \cdots$$

例 1-2　某车间工人，在噪声级 90dB(A)和 93dB(A)各工作 4h，计算噪声剂

量（D），并且以现有的企业标准评价是否超过安全标准？

解：由表格 1-14 可知，在 90dB(A)下允许暴露时间为 8h，在 93dB(A)下允许暴露时间为 4h，故该工人所接受的噪声剂量为：

$$D = \frac{T_{实1}}{T_1} + \frac{T_{实2}}{T_2} = \frac{4}{8} + \frac{4}{4} = 1.5 > 1$$

所以该工人的工作噪声环境已经超过噪声安全标准。

第2章 如何控制噪声

噪声对人的影响和危害跟噪声的强弱程度有直接关系。在建筑物中，为了减小噪声而采取的措施主要是隔声和吸声。隔声就是将声源隔离，防止声源产生的噪声向室内传播。在马路两旁种树，对两侧住宅就可以起到隔声作用。在建筑物中将多层密实材料用多孔材料分隔而做成的夹层结构，也会起到很好的隔声效果。另外，建筑物周围的草坪、树木等也都是很好的吸声材料，所以我们种植花草树木，不仅美化了我们生活和学习的环境，同时也防治了噪声对环境的污染。

人类已经认识到控制噪声已经成了一个刻不容缓的问题。控制噪声环境，除了考虑人的因素之外，还须兼顾经济和技术上的可行性。充分的噪声控制，必须考虑噪声源、传音途径、受音者所组成的整个系统。控制噪声的措施可以针对上述三个部分或其中任何一个部分。噪声控制一般也是从这三个方面考虑的。

（1）从声源上根治噪声。具体可通过选用内阻尼大、内摩擦大的低噪声材料；采用低噪声结构形式；提高加工精度和装配精度以及调整机器的结构参数，抑制共振等等方式。

（2）可从传播途径上降低噪声。具体的降噪措施有隔声、吸声、阻尼、隔振、消声器等。

（3）在接受点进行防护。在上述方法都无法实现而噪声又很强，或者在某些只需要少数人在机械设备旁操作的情况下，可以对接受噪声的个人进行防护，最简单的办法就是戴个人防护耳具。由于噪声一方面影响人耳听力，另一方面通过人耳将信息传递给神经中枢系统并对人体全身产生影响。因而，在耳朵上戴防声用具，不仅保护了听力，也保护了人体的各个器官免受噪声危害。常用的有耳塞、防声棉、耳罩及防声头盔等。这些防护用具，主要是利用隔声原理，使强烈的噪声传不进耳内，从而达到保护人体不受噪声危害的目的。我们有时也会注意到，有些人在不喜欢别人打扰时，也会在耳朵里塞些棉花之类的东西，隔绝外界对人耳的干扰，其实是一个道理。

下面就从工程和生活两方面具体介绍一下如何通过吸声、隔声、消声器、绿化降噪以及噪声利用技术来控制噪声。

2.1 吸声

可能有人注意过：在冬天，一场大雪过后，人们会感到外面万籁俱静。这

a　　　　　　　　b

图 2-1　噪声接受者的防护

a—戴耳罩的人；b—耳塞

是怎么回事？难道是人为的活动减少了吗？那么，为什么在雪被人踩过后，大自然又恢复了以前的喧嚣。

原来，刚下过的雪是新鲜蓬松的，布满了许多相通的小气孔，是天然的多孔吸声材料。大部分噪声都被雪层所吸收，所以出现了万籁俱寂的场面。而雪被人踩过后，情况就大不相同了。原本新鲜蓬松的雪就会被压实，从而减小了对声波能量的吸收。所以，自然界便又恢复了往日的喧嚣。

大多数人有这样的感受：与放在空旷的室外空地相比，车间内机器噪声非常高，震耳欲聋。这主要是因为大多数车间内墙由一些钢筋混凝土预制的天花板或楼板、坚硬光滑的墙面和玻璃门窗等构成。在这样的车间里，工人除了能听到通过空气介质传来机器的直达声外，还可以听到由平整而坚硬的内墙及机器设备表面多次反射而来的混响声，这两种噪声的叠加，使车间内噪声强度增加了。如想降低这种噪声的强度，就需要在天花板、四周墙面或空间安装吸声材料、悬挂吸声体，当声波入射到这些材料的表面时，可有效地吸收部分声能，减少反射声，使混响声减小。吸声材料的吸声性能愈好，面积愈大，混响声就愈弱，降噪效果就愈好。对于一般车间可取得 5～8dB 降噪效果。如果车间原来吸声性能很差，可取得 8～12dB 的降噪量。

吸声降噪就是用吸声材料或吸声结构来降低噪声。吸声降噪在工程中有着广泛的应用。例如三聚氰胺泡沫塑料在船艇机舱中的应用；以离心玻璃棉为主要吸声材料的吸声体在体育馆、车间等大空间场所内的应用等。具体可采取以下措施达到吸声降噪的目的：

（1）在房间内墙表面贴敷吸声材料来缩短或调整房屋内部的混响时间，改善房屋内部的听觉条件，降低房间或厂房的内部噪声；

（2）作管道衬垫或消声器材料，降低通风管道中的噪声；

（3）在隔声罩的内表面贴敷吸声材料，提高隔声罩的隔声量。

地毯能够显著地吸收声能。对吸声效果很差的房屋，对天花板进行有效声吸收处理以及使用地毯等方法，可使室内混响声级降低 10dB。

吸声材料的吸声效果与其声吸收系数和表面积密切相关，声吸收系数小的材料如果面积很大，也可能与声吸收系数很大但面积小的材料有相同的效果。使用一般有效的吸收材料覆盖某些主要表面，也能使混响大幅降低。因此，在工业厂房噪声源就近局部用强吸声材料，大面积空间则使用一般有效的吸收材料，是一种既经济实惠，又能减少噪声污染的治理方案，常用于工程设计中。

吸声技术除应用在工程上外，在生活中也体现在方方面面。例如辽宁省沈阳市铁西区小五路14号市第79中学罗业腾发明了一种新型吸音窗帘。它是由气囊、帘布、挂环构成。帘布的外表面毛乱，凹凸不平，在两层帘布之间夹装有气囊，帘布上端安装挂环，具有很好的吸声效果，是一种很具有实用价值的新型吸音窗帘。

吸声材料品种繁多，各具优缺点。因此在选取时要根据个人的喜好及用途来权衡利弊，做出最优选择。具体提出下面几项选取原则以供参考：

（1）在所需吸声频带范围内吸声系数要高，吸声性能应长期稳定可靠。

（2）具有一定的力学强度，在运输、安装和使用过程中，不易破损，经久耐用，不易老化。

（3）表面易于装饰，容易清洗，易于保养。

（4）防潮性能好，耐腐防蛀，不易发霉。

（5）不易燃烧，满足一定的防火要求。

（6）无特殊气味，不危害人体健康。

（7）构件填料均匀，对于松散材料，不因自重而下沉。对洁净度要求较高的场合，材料不发脆而掉渣，也无纤维飞絮等飘散。

（8）就地取材，价格便宜。

吸声材料按吸声机理可分为多孔吸声材料和共振吸声材料两大类。材料的吸声性能决定于它的粗糙性、柔性、多孔性等因素。

多孔吸声材料是目前应用最广泛的吸声材料。早期的多孔吸声材料以麻、棉、棕丝、毛发、甘蔗渣等动植物有机纤维材料为主，以后逐渐被玻璃纤维、矿渣棉等无机纤维材料所取代。无机纤维材料可以是松散的，也可以加工成棉絮状或采用适当的黏结剂加工成毡状或板状。近年来，通过烧结，黏结或发泡等新工艺，出现了许多新型的颗粒状、泡沫状多孔吸声材料，这些吸声材料的吸声性能一般较纤维状吸声材料差，但具有较好的强度及保温、隔热、防潮和防水性能，因此其应用很广泛。

2.1.1 多孔吸声材料

多孔吸声材料的吸声原理是声波进入材料空隙后，引起空隙中空气和材料的细小纤维振动，通过摩擦和黏滞阻力，将声能转变成热能而被吸收。简而言之，

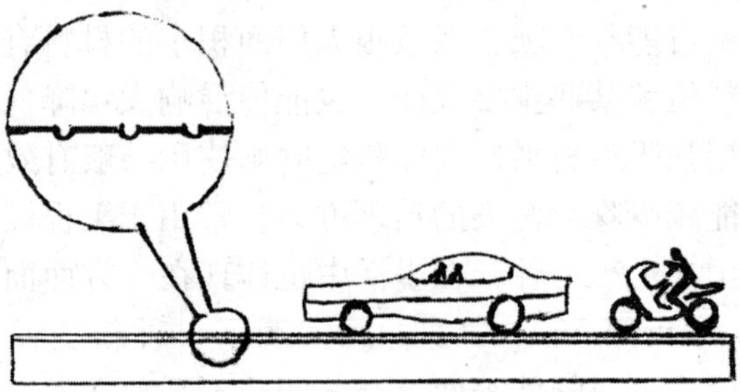

图 2-2　吸声路面

就是利用能量转化使部分声能转化成其他能量，进而减少声能。

多孔材料是一种很好的吸声材料，材料的声吸收效率由其声吸收系数决定，声吸收系数即入射声音和反射声音能量的比值。当声吸收系数超过大约 0.4 时，为有效声吸收；当材料的声吸收系数达到 0.8 或更大时，为高效吸声材料。多孔材料越厚，声吸收系数也就越高。

多孔吸声材料主要有无机纤维吸声材料、泡沫塑料、有机纤维材料和建筑吸声材料及其制品。

（1）无机纤维材料。无机纤维材料主要有超细玻璃棉、玻璃丝、矿渣棉、岩棉等。其中超细玻璃棉的优点是质轻、柔软、密度小、耐热、耐腐蚀等。因此，使用较普遍。但它也存在一些缺点，比如吸水率高、弹性差、填充不易均匀等。矿渣棉的优点是质轻、防蛀、防火、耐高温、耐腐蚀性、吸声性能好。缺点是杂质多、性脆易断，因此对于风速大、要求洁净的场合，不宜使用。岩棉的优点是隔热、耐高温、价格低廉。

（2）泡沫塑料。泡沫塑料吸声材料，主要有聚氨酯、聚醚乙烯、聚氯乙烯酚醛等。这类材料具有良好的弹性，容易填充均匀等。缺点是不防火、易燃烧、易老化。

（3）有机纤维材料。有机纤维材料有棉麻、甘蔗、木丝、稻草等，这些材料价廉、取材方便。缺点是易潮湿、易变质、腐烂，从而降低吸声性能。

（4）建筑吸声材料。建筑上采用的吸声材料有加气混凝土、膨胀珍珠岩、微孔吸声砖等。

近年来还发展了定型规格化生产的穿孔石膏板、穿孔石棉水泥板、穿孔硅酸盐板以及穿孔硬质护面吸声板。在室内使用的外形美观的有各种颜色图案的吸声板，不仅能起到吸声作用，而且还能起到装饰美化的作用。

在选择吸声材料时，为保证有良好的吸声性能，应该注意以下三点：一是要多孔；二是孔与孔之间要相互贯通；三是这些贯通孔要与外界连通。多孔材料不一定是吸声材料，只有孔洞互相贯通的开孔材料，才有良好的吸声性能，才适合做吸声材料；而各孔孤立互不通气的闭孔材料不起吸声作用，因此不能作为吸声材料使用。

事实上，多孔吸声材料大多是松散的。不能直接布置在室内和气流通道内。在实际使用中，还需用透气的玻璃布、纤维布、塑料薄膜等将吸声材料（如玻璃棉泡沫塑料）放进木制的或金属的框架内，然后再加一层护面穿孔板，这才构成多孔材料的吸声结构。例如，用薄膜作为多孔材料的面层组合成吸声结构，这个组合结构的吸声特性取决于膜和多孔材料的种类以及安装方法。一般来说，在整个频率范围内吸声系数比没有多孔材料只用薄膜时普遍明显提高。

多孔吸声材料由于生产简单、成本低、吸声系数高，因而一直是传统的吸声材料。但它也存在一些缺点，例如对低频声的吸声效果较差。而共振吸声结构，正是针对低频声发展起来的。

2.1.2 共振吸声结构（材料）

共振吸声结构是在声波刺激下，振动着的结构由于自身的内摩擦和与空气的摩擦，将一部分振动能量转变成热能消耗掉。常见的共振吸声结构（材料）有薄板共振吸声结构、薄膜共振吸声结构、穿孔板共振吸声结构、微穿孔板吸声结构、复合珍珠岩吸声板、金属纤维和泡沫金属吸声材料等。

2.1.2.1 薄板共振吸声结构

将两块胶合板或硬质纤维板材质的板材的周边固定在木质框架上，板与板之间留有一定厚度的空气，就构成了薄板共振吸声结构。薄板具有质量，相当于一个质量块，而空气相当于弹簧。因此可以看成是一个质量——弹簧共振系统。当入射声波碰到薄板时，就激励板面振动、从而引起薄板和空气这一系统振动，将一部分振动能转变为热能耗散掉。正如大家所熟知的，当士兵们踏着相同节奏正步前行时，但凡遇到过桥的情况都会立刻改为自由式行走，这是因为众人的步调一致，会产生共振。此时能量最大可能会将桥体震塌。同样的道理，当入射声波的频率与结构的固有频率一致时，就产生了共振，此时，所消耗的声能最大。由于多数薄板共振结构的固有频率都在低频范围之间，所以，它能有效地吸收低频声。

薄板共振吸声结构的吸声系数不高，如果在空气层中填充一些多孔材料，可以明显提高吸声性能。在实际应用中，薄板厚度通常取 3 ~ 6mm，空气层厚度通常取 3 ~ 10mm 为宜。

据悉 2007 年中国科学院声学研究所研究人员常道庆、刘克、田静发明了一种薄板共振吸声结构。它包括金属薄板和黏贴在该金属薄板上的压电陶瓷片，压电陶瓷片两极间接有电阻。该吸声结构重量轻，安装空间小，并且在共振频率附近吸声系数可以达到 0.9 以上。

2.1.2.2　薄膜共振吸声结构

薄膜共振吸声结构与薄板结构的吸声原理基本相同，它只是用弹性材料，如聚氯乙烯薄膜、漆布、不透气的帆布及人造革等来代替薄板，在薄膜之间仍设置空气层，同样形成了薄膜共振吸声结构。在实际应用中，也常在薄膜之间设置多孔吸声材料，以改善低频吸声性能。

在这个共振吸声结构中，薄膜的弹性和薄膜之间的空气层弹性共同构成了共振结构的弹性，薄膜结构为质量块。当作用于薄膜的声波频率与薄膜的共振频率一致时，系统就发生共振，薄膜产生较大变形，同时消耗声波能量，因此起到吸收声波能量的作用。

皮革、人造革、塑料薄膜等材料具有不透气、柔软、受张力时有弹性等特性。这些薄膜材料可与其之间封闭的空气层形成共振系统。共振频率由单位面积膜的质量、膜之间空气层厚度及膜的张力大小决定。在实际工程中，膜的张力很难控制，而且长时间使用后薄膜会松弛，张力会随时间而发生变化。

2.1.2.3　穿孔板共振吸声结构

穿孔板共振吸声结构将钢板、铝板或胶合板、塑料板、草纸板等以一定的孔径和穿孔率打上孔，并在板后设置空气层构成。由于穿孔板上每个孔后都有对应的空腔，可以看做是由许多单孔共振吸声结构并联而成。人们习惯把单孔共振吸声结构称为亥姆霍兹共振器，可以看做是许多并联的“亥姆霍兹”共振器。当入射声波的频率和系统的共振频率一致时，就发生共振，使穿孔板孔颈处空气柱往复振动，其速度、幅值达到最大值，摩擦与阻尼也最大，吸声效果最好。穿孔板共振吸声结构比单个空腔式的结构简单。而且能在比较宽的频率范围内得到令人满意的吸声效果。

2.1.2.4　微穿孔板吸声结构

微穿孔板吸声结构是我国著名声学专家马大猷教授经过多年实验研究提出的新型吸声结构。薄板厚度小于 1mm（一般为 0.2 - 1mm），薄板穿孔率一般为 1% ~5%，微孔孔径一般为 0.8 ~ 1mm，每平方米的微孔数达到数万个。微穿孔板与板后一定厚度的空气层就构成微穿孔板吸声结构。它主要是利用声波传播时空气在小孔中来回摩擦而消耗声能，板与空气层的组合能起到板共振结构的作用。这种吸声结构克服了穿孔板吸声结构存在吸声频率窄的缺点，并具有结构简单，加工方便，特别适用高温、高速、潮湿及清洁环境下使用等优点。

另外微穿孔板吸声结构，由于板薄、板孔径小、声阻比穿孔板大得多，质量小得多，因而吸声系数和频带方面都比穿孔板要好。

微穿孔板吸声结构主要是利用声传过来时，小孔中空气柱往复运动造成摩擦消耗的声能，而吸收峰的共振频率则由空腔的深度来控制，空腔愈深，共振频率愈低。微穿孔板吸声结构的吸声系数有的可达 0.9 以上。在实际应用中，可以根据有关图表进行设计微穿孔板，不必进行复杂的计算。微穿孔板的缺点是加工费用高、孔小易于堵塞，适宜在清洁环境中使用。

目前，微穿孔板吸声结构正在被众多领域采用，如透明消声通风百叶窗（隔声量可达A声级10~15dB）、发电机组隔声罩（降噪量达13dB以上）、航空发动机、消声器（通风空调、鼓风机排气、空压机进气、燃气轮机、内燃机、蒸汽排汽放空）、多功能馆、德国波恩议会大厅、铁路机械保温车、城市道路声屏障和防眩屏等。

2.1.2.5 复合珍珠岩吸声板

这种吸声板的骨料为膨胀珍珠岩，黏结剂为少量复合物，将厚约1.5cm的膨胀珍珠岩板黏贴在厚约2cm的基板上而制成。复合板一般为二层，其表层板穿孔率约为11%，板面规格一般为0.5m×1.5m，易于安装，可直接黏贴于墙面，也可以钉在墙体内的墙筋上。复合珍珠岩吸声板可吸收中、高频声音。如果在板后留空腔，还可以改善其低频特性。这种吸声材料还具有防火、隔热、耐腐蚀、不变形等优点。

2.1.2.6 金属纤维和泡沫金属吸声材料

为了适应隔声屏障对吸声材料性能的特殊要求，近年来出现了金属纤维和泡沫金属吸声材料。铝纤维吸声材料厚度一般仅为1.5~2.0mm，后部留有空腔，表面压一层铝板网，平均吸声系数为0.5~0.6。这种材料具有非常优异的防水、防火、防潮性能。质轻寿命长，纤维之间缠绕力强，不易被吹散，适合室内外许多场合使用。

金属纤维和泡沫金属吸声材料在道路隔声屏和一些潮湿环境（如冷却塔）隔声屏中得到应用，效果良好。泡沫铝、泡沫镍和特殊加工的泡沫塑料也是一种新型吸声材料，主要用在恶劣环境中。通常这些泡沫材料做成厚度4~20mm的吸声板，平均吸声系数可以达到0.6左右。与玻璃纤维比较，在防水、防潮、防火、耐温等方面性能更优越，加工方便，并具有一定的装饰性。

下面为一共振吸声结构吸声降噪的实例：某10.6m×9.8m×5.5m冷冻压缩机房，屋顶为钢筋混凝土预制板，壁面为砖墙水泥粉刷，两侧墙玻璃窗的总面积为52m^2，约占整个墙面的44%。机房内安装有6台压缩机组。其中，两台8ASJ17型，每台制冷量为5.6×10^{8}kJ/h，转速720r/min，三台S8-12.5型和一台4AV-12.5型机组，每台制冷量为8.25cal/h，转速为960r/min。当三台机组运转（其中8ASJ17型一台和S8-12.55型两台）时，机房内的平均噪声级为89dB(A)。当六台机组全部运转时，预计机房内噪声级将达92dB(A)。为了改善工人劳动条件，消除噪声对健康的影响，需要进行噪声治理。

首先选择吸声材料。选用的吸声材料为蜂窝复合吸声板，它由硬质纤维板、纸蜂窝、膨胀珍珠岩、玻璃纤维布及穿孔塑料片复合而成。厚度为50m，分单面和双面复合吸声板。这种吸声体具有较高的刚度，能耐受一定的冲击，不易损坏以及吸声效率高等特性。

其次布置吸声材料。吸声材料布置在机房内四周墙面和屋顶上。为了使吸声材料不易损坏，单面蜂窝复合板安装在台面以上的墙面上，材料与墙面之间留有 5cm 空气层，吸声材料面积为 $72m^2$，约占墙面的 31.7%。屋顶为双面蜂窝复合吸声板浮云式吊顶，吸声板之间留有较大空当，使其上下两面均能起吸声作用。材料面积为 $44m^2$，约占平顶面积的 42%。

经过该吸声阵噪处理后，机组运转情况与吸声处理前相同，经检测机房内平均噪声级已降到 80.7dB(A)。噪声级低于国家允许标准值 85dB(A)。

2.2 隔声

2.2.1 工程隔声

在工程领域，为了减弱或消除噪声源对周围环境的干扰，常采用木板、金属板、墙等固体介质将噪声源与周围环境隔开，或将需要安静的场所封闭在一个小的空间内，这种方法即所谓的隔声。例如，可以将鼓风机、空压机、球磨机、发电机等设备放置在隔声间或隔声机罩内，与操作者隔开；也可以将操作者放置于隔声性能良好的控制室或操作室内，与发声的设备隔开，从而使操作人员免受噪声的危害。此外，还可以采用隔声性能良好的隔声墙、隔声楼板、门、窗等，使高噪声车间与周围的办公室及住宅区等隔开，以避免噪声对人们正常工作和休息造成干扰。

隔声设施包括隔声间、隔声罩、隔声屏障等，其隔声效果不完全取决于隔声构件性能，还与声源室或受声室对声音的吸收、声音的侧向传播、隔声材料等有关。

2.2.1.1 隔声墙

在隔声技术中，常把板状或墙状的隔声构件称为隔板或隔墙，简称墙。仅有一层隔板的称单层墙，有两层或多层且层间有空气或其他材料的，称为双层墙或多层墙。其中，双层墙即是把单层墙一分为二，中间留有空气层，但墙的总重量没有变，却可以使隔声量提高。依此类推，就不难理解多层墙的结构了。隔声墙的隔声效果与其质量密切相关，单层墙越重隔声性能越好，单位面积的质量提高一倍，隔声量提高 6dB。

一般情况下，双层墙比相同面密度的单层墙隔声量要增加 5 ~ 10dB，如果设计相同的隔声量，双层墙的总重量可以比单层墙减少 2/3 ~ 3/4。双层墙之所以会明显优异于单层墙，主要是由于空气层的作用。当声波通过第一道墙进入空气层，由于墙体和空气特性阻抗存在显著差异，出现两次反射，形成衰减。空气层的弹性和空气的附加吸收作用也增加了隔声量。

当声波入射角度造成的声波作用与隔墙中弯曲波传播速度相吻合时，隔墙的隔声量会降低，应尽量避免这种情况的发生。因此为了减轻双层墙这种吻合效应对隔声性能的影响，一般使两层墙的厚度或面密度不相等，这样可以使两层墙具有不同的吻合频率，互相错开，吻合效应的影响明显降低。

在墙板之间传递振动的连接物即声桥会破坏空气层的弹性层作用，使隔声量下降。为了减轻这种不利影响，在实际问题中常常采取以下措施：

（1）设计和施工时尽可能减少声桥数量，在保证双层墙的力学性能前提下，尽可能少用起支撑造型、固定结构作用的龙骨等构件；

（2）尽可能采用弹性构件来改善双层墙的隔声性能；

（3）在声桥与墙面之间最好插入适当的弹性材料或阻尼材料。

砖墙墙体的隔声效果能满足标准要求，但是墙体过重，结构荷载负担较大，使用黏土砖也不利于耕地保护。因此，轻墙得以广泛使用。为了使轻墙达到良好的隔声性能，应在多层墙板内充填吸声材料，这也符合现代家居装修的流行趋势。

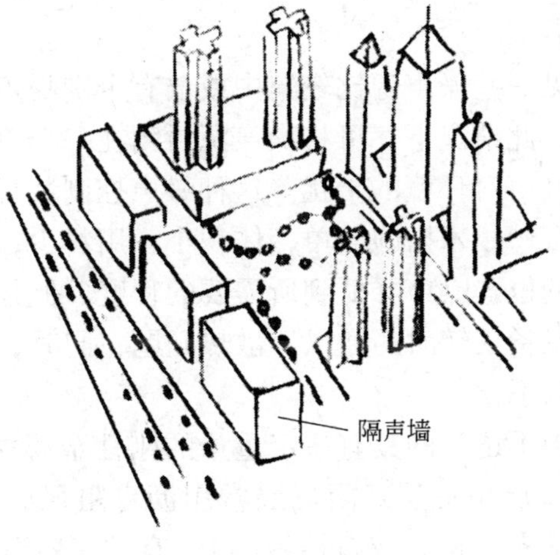

图 2-3　隔声墙

2.2.1.2　隔声间

隔声间可以分为两类。

一类是针对体积较大的高噪声机器，采用一个大的房间把机器围护起来，并设置门、窗和通风管道。此类隔声间类似一个大的隔声罩，只是人能进入其中。隔声间的内表面应覆以吸声系数高的材料作为吸声饰面，这样隔声、吸声作用相结合可以增强对噪声的控制。常用的吸声材料是 10cm 厚超细玻璃棉或矿棉，外面包上 0.1mm 厚稀疏的薄玻璃布或 0.035mm 厚塑料薄膜，用穿孔率 20%～30% 穿孔的薄金属板或薄塑料板覆面，也可用双层塑料窗纱覆面。

另一类隔声间则是在噪声源数量多而且复杂的强噪声环境（如空压机站、水泵站、汽轮机车间等）中隔出一个安静的环境，按实际需要设置门、窗和通风管道，以供工人观察控制机器转动或休息用。这种情况下，若对每台机械设备都采取噪声控制措施，不仅工作量大、技术要求高，而且投资多，建造隔声间是一种简单易行的噪声控制措施。隔声间的位置，应该能使其中的工作人员看到整个车间的生产情况。为此，可将隔声间设置在车间的角落或紧靠车间的一面墙，也可以安排在车间的中部，隔声间应满足通风（通风量一般每人为$20m^3/h$）、采光、供电、通行等方面的要求。此类隔声间形式也是多样的，如在汽轮机发电机房内，为有效减少噪声对操作人员的干扰，建造具有良好隔声性能的控制室；在耳科临床诊断中进行听力测试研究，为防止外界噪声的侵入，用特殊隔声构件建造的测听室等。

以上两类隔声间都设有门、窗、穿墙管道等，因而会使隔声间出现孔洞及缝隙，这些孔洞、缝隙等必须加以密封，否则会大大影响隔声间的隔声性能。密封材料可以采用橡皮条、毡条等。隔声间的大小以能符合工作需要的最小空间为宜。它的墙体和顶棚材料可采用木板、砖料、混凝土预制板或薄金属板等。

2.2.1.3 隔声罩

在工矿企业，常见一些噪声源比较集中或仅有个别噪声源，如空压机、柴油机、电动机、风机等，此情况下，可将噪声源封闭在一个罩子里，使噪声很少传播出去，消除或减轻噪声对环境的干扰。这种噪声控制装置称为隔声罩。

隔声罩的优点较多，技术措施简单，体积小，用料少，投资少。而且隔声量可控，能使工作所在的位置噪声降低到所需要的程度。但是，将噪声封闭在隔声罩内，需要考虑机电设备运转时的通风、散热问题；同时，安装隔声罩可能给检修、操作、监视等带来不便。

隔声罩外壳由一层不透气的具有一定重量的刚性金属材料制成，一般用2～3mm厚的钢板，铺上一层阻尼层。阻尼层常用沥青阻尼胶浸透的纤维织物或纤维材料（麻袋布、玻璃布、毡类或石棉绒等），有的用特制的阻尼浆。其中有一种水性阻尼浆，是将云母粉、氢氧化铝、苯丙乳液、硅丙乳液、弹性乳液及阻燃剂、乳化剂、丙二醇、二甲基乙醇胺、增稠剂等原料，按照一定比例与中性水混合均匀后，依次经过混料、搅拌、pH值检测、放料、研磨、包装而制成。外壳也可以用木板或塑料板制作，轻型隔声结构可用铝板制作。要求高的隔声罩可做成双层壳，内层较外层薄一些，内外层的间距一般是6～10cm，填以多孔吸声材料。罩的内侧附加吸声材料，再在内层吸声材料上覆一层穿孔护面板，其穿孔面积约占护面面积的20%～30%。

在罩和机器、罩和基体之间，通常填以合适的橡皮垫，以防止振动的传输。另外，对于可以开启的活门和观察孔，要密封好。对于需要散热的设备，应在隔声罩上留有必要的通风管道。这种管道要有消声结构，或者装消声器。在设计隔声罩时，要注意满足工艺和维修的要求，有时要采取防止油污、粉尘和腐蚀等措施。

下面是某炼油厂采用预热强制进风隔声罩治理加热炉噪声的实例。该厂的预加氢加热炉，负荷为 903×10^4kJ/mol，燃烧器结构是在原来的油气联合喷嘴基础上加一圈（6 个）气体喷头。炉子进风由原来的自然进风改为预热空气强制进风，其隔声罩吸声衬里厚 80mm，密度为 40kg/m^3，隔声罩直径为 1200mm，进风管截面积 800mm×500mm。为便于风量调节，在进风处加一只蝶阀，可调幅度为 0°～90°，每 5°为一档。同时，在隔声罩上装一只风门，便于二次风门的调节。为便于检修，在隔声罩下部开一个检修孔，检修孔盖由三块拼装，并用 50mm×5mm 石棉带密封防止漏声。采用隔声罩后，噪声可由原来的 97.5dB(A)降低到 90～91dB(A)。隔音效果很明显。

2.2.1.4 隔声门

隔声门由门扇和门框组成，采用优质冷轧钢板，冷加工处理成形。门体内按隔声等级填充吸声棉、聚氨酯、蜂巢结构。具有防火、隔声、易于逃生、性能稳定等优质性能。精工制作而成的木、钢质门，可根据用户需要装备各种五金配件。表面经防锈喷涂处理后，还可根据用户要求进行喷塑等表面处理。具有结构合理、整体性好、强度高、施工方便、表面平整美观、开启灵活、坚固耐用等优点。最高耐温 300～350℃，能承受气动负荷 2000Pa，平均隔声量为 39dB(A)，最高隔声量可达 55dB(A)以上。

隔声门的应用非常广泛。如纯音测听、耳鸣检查、助听器、脑干诱发电位、耳声发射、声场测听等医学精密检测；大型高中档宾馆、饭店、商厦、设备机房、工厂及人员密集、需疏散的声学场所，如录音室、演播厅、剧场、音乐厅等有声学要求的办公、活动及科研场所。

2.2.1.5 隔声窗

交通噪声在城市噪声中所占的比例已高达 40%，许多日夜与路相伴的城市居民对此“刻骨铭心”。追求更安静的生活环境，选择一些有效的隔声材料，已成为众多市民关心的问题。因此塑钢门窗、新型铝门窗、中空玻璃及夹层玻璃也越来越受欢迎。

隔声窗由双层或三层玻璃与窗框组成。选择不同的玻璃厚度，另外在窗架内填充吸声材料，能有效地吸收声波，使各频段噪声有效地得到隔离。玻璃可以选用普通平板玻璃、有机玻璃、钢化玻璃和汽车用安全玻璃。目前隔声窗所用的隔声玻璃主要有双层中空玻璃、双层真空玻璃、双层夹胶玻璃及深圳朗斯建材颜料有限公司研发生产的聚酯遮阳静音玻璃。如果单层窗的隔声量不足，可用双层窗。例如，用 3mm 厚玻璃装配的单层窗，其隔声能力可达 25dB；而用同样厚的玻璃装配的双层窗，在两片玻璃的间距为 10cm 时，隔声量约达 36dB；间距

20cm时为40dB。再如，镶有6mm厚玻璃的单层窗，隔声量可达27dB；如果用同样厚的两片玻璃装配成双层窗，当玻璃间距为2.5cm时，隔声量可达32dB；间距10cm时为38dB；间距20cm时为44dB。一般而言，双层窗的使用基本可以满足隔声要求。

隔声窗具有以下特性：

(1) 隔声性。一般可降低绝大部分噪声，在居室内基本上听不到外面的声音。

(2) 安全性。窗户的隔音层遭受外力破坏后只会产生裂痕，不会脱落、飞溅，保护周围的人与物不受伤害。

(3) 保安性。具有防爆、防盗、防弹作用，尤其对于恶意破坏、偷盗和暴力侵入有不错的抵御和抗撞击性。当隔声层玻璃受到冲击破碎时，隔声层碎片会被聚乙烯醇缩乙醛纤维黏住，不易伤人，只是形成辐射状的裂纹，还能保持原来形状和可见度，在一定时间内可继续使用。

(4) 光学性。一般可见光透过率范围为10%～80%，反射率为13%～35%。隔声玻璃层含有的吸收紫外线添加剂，能滤掉99%的紫外线，不仅能减轻刺目强光，而且还可以防止室内装饰物品的褪色老化。

(5) 热学性。可有效降低传热系数，减少太阳光透射，降低空调费用，节省能源。

(6) 密封性。铝间隔框采用自动弯管技术一次成形，最大限度地减少接驳处；采用丁基胶和聚硫胶或结构胶双道密封，确保密封性并延长其使用寿命。

(7) 防结露。隔声层绝对干燥，不结露。

(8) 阻延火灾。隔声窗玻璃在受热与火烤时，不会立即破碎瓦解，致使火势限制在一处的时间较长，利于及时发现报警、撤离和扑灭。

下面是某卷烟厂空压机站的隔声控制实例。该卷烟厂空压机站控制室位于楼内，由于结构承重限制，采用双层轻质内垫玻璃纤维板做隔声墙，内贴5cm的离心玻璃棉和覆盖穿孔率为20%的铝合金穿孔板。平顶构造与墙面相似。室内采用两台立柜式空调机控制室温，观察窗选用三层厚玻璃固定式隔声窗，门扇采用轻质隔声门。为了减轻地面振动，还在地面铺满浮筑硬木弹性地板。经测定室内噪声级为62dB(A)，较室外降低26dB，地面振感已消除，效果十分理想。

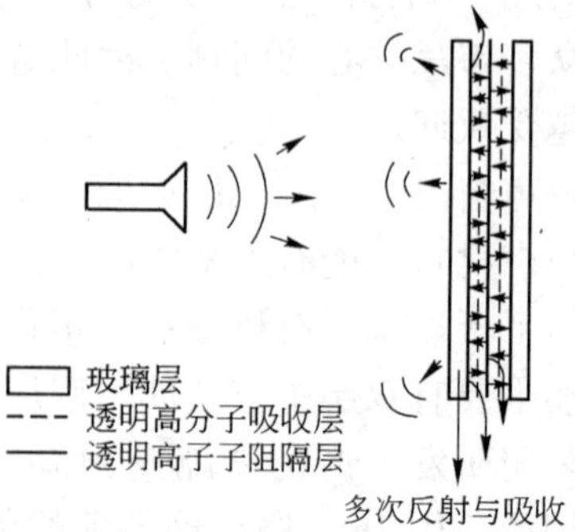

图2-4　隔声窗

2.2.1.6　声屏障

隔声罩或隔声间是把噪声源与接受

点完全分开，在噪声控制上是很有效的。但在某些场合，如车间里有很多高噪声的大型机械设备，有些设备泄出易燃气体而要求防爆，有些设备需要散热且换气量较大，以及操作和维修不便，不宜采用隔声罩的形式将噪声源封闭起来。此时，可采用隔声屏来降低接受点的噪声。

声波在传播过程中，遇到隔声屏障时，就会发生反射、透射和绕射三种现象。声屏障能够阻止直达声的传播，并使绕射声有足够的衰减，而对透射声的影响可以忽略不计。在声源和接收点之间插入一个隔声屏障，设屏障无限长，声波只能从屏障上方绕射过去，而在其后形成一个声影区，就像光线被物体遮挡形成一个阴影那样。在这个声影区内，人们可以感到噪声明显地减弱了，这就是隔声屏障的减噪效果。这个“声影区”的大小与声音的频率有关，频率越高，声影区的范围也就越大。

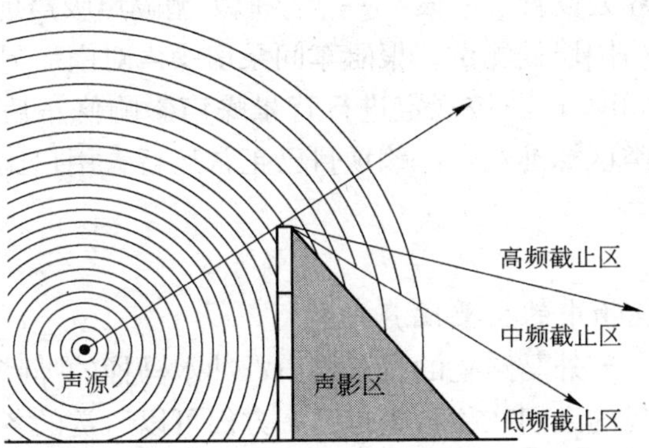

图 2-5 隔声屏障的隔声原理

隔声屏在朝向声源一侧进行了高效吸声处理。将它放在噪声源与接受点之间，阻挡噪声直接向接受点辐射。这种措施简单、经济，除了适用于车间内一些不直接用全封闭的隔声罩的机械设备及减噪量要求不大的情况外，还适用于露天场合，将声源与需要安静的区域隔离。如在住宅区的公路、铁路两侧设置隔声屏、隔声堤或利用自然山丘等以阻挡噪声。

声屏障的高度一般在 1 ~ 5m 之间，覆盖有效区域平均降噪达 10 ~ 15dB(A)，最高达 20dB(A)。一般来讲，声屏障越高，降噪效果就越好。

目前，声屏障主要用于高速公路、高架复合道路、城市轻轨地铁等交通市政设施中的隔声降噪，控制交通噪声对附近城市区域的影响。也可用于化工厂和其他噪声源的隔声降噪。

据悉，某钢铁厂室外采用大型声屏障降噪。该钢铁厂轧钢车间与居民住宅最近处不足 2m，车间生产系连续三班制运转，居民住宅敏感点的噪声级已超过 75dB。为了最大限度地降低扰民噪声，经多次论证研究，最后确定在居民楼与厂界之间建造一个总长60m，高度为6m的大型隔声屏障。屏障结构选用双层8mm厚TK板（水泥、石膏、经高温蒸压制成的石棉制品），板间留以8cm厚空腔。板层间用轻钢龙骨作联系梁。考虑到结构整体的强度与稳定性，用直径10cm，壁厚为4mm的无缝钢管作支柱，并埋入混凝土基础块中。该屏障建成后，实测降噪量为8～11dB，有效地控制了厂界噪声的污染。

另外，上海某聚氨酯事业部将辅助生产设备冷却塔、消化装置、聚醚车间泵房等置于厂区东、北、南厂界处，未治理前东、北、南厂界处噪声分别为67dB(A)、63dB(A)和69dB(A)。在东厂界处设置了一段“一”字形大型隔声吸声屏障。在屏障外花格围墙处实测冷却塔噪声影响，已由治理前的67dB(A)降为54dB(A)。在北厂界处设置了一段“┌”型隔声吸声屏障。在屏障外砌砖围墙上进行测试，消化装置噪声对北厂界的影响已由治理前的63dB(A)降为55dB(A)。在南厂界处设置了一段“一”字形大型隔声吸声屏障，对水泵加装隔声罩。在屏障外花格围墙处测试，聚醚车间泵房噪声对南厂界的影响已由治理前的69dB(A)降为56dB(A)。按规定进行背景噪声影响修正后，该事业部厂界噪声昼夜均达到了3类区标准规定。该项目已正常运行，用户比较满意。

2.2.2 建筑隔声

2.2.2.1 建筑物中的主要隔声结构

在日常生活中，窗外马路上的汽车噪声、冲水马桶的哗哗声都可能影响到人们的饮食起居。现代的人们往往希望自己一方面可以欣赏的各种音乐，另一方面又不受别的房间发出的噪声影响自己，因此对建筑隔声提出了严格的要求。建筑物中的主要隔声构件包括墙、门、窗和楼板（天花板）。

A　隔声墙

对于一般建筑物，传统砖墙隔声性能都能够满足要求，可能出现隔声问题的是轻墙结构中的分户墙和楼板以及屋顶结构。楼板有预制板与现浇两种。预制板是指用木板定制成空心模型，在模型空心处布上钢筋，用水泥浇筑空心部分，干后敲去木板，剩下的那部分。由于预制板是空心的，造价比较便宜，但是隔声效果较差。而现浇是指在现场搭好模板，在模板上安装好钢筋，再在模板上浇筑混凝土，然后再拆除模板。我国城市建设从20世纪90年代末开始推广现浇楼房结构，目前均采用此种结构，这种结构造出来的房子整体性好，隔声、防水效果也更好。据经验得知，在使用过的轻型墙板中，单层的轻型板墙隔声效果一般比较差，平均隔声量在25～35dB之间。将两层板结合，隔声量大约也只增加3.4dB，效果也不十分理想。目前，将空心板作为楼板和隔墙用得比较多。这种墙板虽然减轻了分割墙和楼板的重量，但对隔声非常不利，漏声十分严重。而中间填吸声棉的中空填棉板隔声效果较好。

楼板隔声要同时考虑隔离空气声和撞击声，而且以隔离撞击声为主。表征撞击声传声隔声性能的指标是"撞击声压级"，它不同于空气声隔声量所表达的"隔掉声音的分贝数"，而是表示在使用标准打击器（一种能够产生标准撞击能量的设备）撞击楼板时，楼下声音的大小。撞击声压级越大表示楼板撞击声传声隔声能力越差，反之越好。一般认为，在楼板计权撞击声级低于65dB时，除了敲打、蹦跳外，一般的声音都听不到；当计权撞击声级在75～85dB时，能够听到脚步声、拖桌椅声、孩子跑跳感觉强烈，敲打声则更难以忍受。虽然支撑方式使得楼板和墙板对空气声的隔离性能有一定差别，但基本上遵守质量作用定律。因此，楼板的空气声隔声性能可以参照类似结构墙体的隔声数据进行大致的估计。

屋顶与外墙一样，主要用于隔离外环境，特别是用来隔离航空噪声。平面屋顶一般有较厚的屋面板，还有隔热层和防水层，缝隙处理都比较好，隔声性能能够满足要求。相比之下，坡屋顶隔声性能就较差，大约只有15～20dB的隔声量。因此需要良好隔声的场合，最好增加顶棚，而且安装顶棚时要注意防止出现缝隙漏声。

高性能隔声墙多数是多层结构。一方面增加了墙的面密度，另一方面利用了空气层的附加隔声量。将一层重墙和一层轻墙组合，空气层厚250mm，可以达到62dB的隔声量。若在另一面再增加一层轻墙，组合成2轻1重组合墙，隔声量可以达到64dB。两重或两重一轻组合墙，可以达到70dB的隔声量。要强调的是高隔声量组合式隔声墙，在缝隙处理和基础分离上要非常注意，否则很难达到设计的隔声效果。

B 隔声门

影响门隔声性能的因素有很多。主要有门扇自身的隔声能力；门扇和门框接触的严密程度；门的形式，即是双扇门还是单扇门。对于隔声要求非常高的场合，常采用前后双扇门的结构。在一般建筑物中，为了方便门的开启，门扇的重量都比较轻，因而隔声量都很低。

门缝对门的隔声性能有很大影响。一般门缝的密封方法会随门扇材料的不同而有一定的变化。密封材料也对隔声效果产生直接影响。需要指出的是，门是走人和输送物料、设备的地方。必然要经常开启，使用时间长了，免不了要出现缝隙。对单扇门来说，没有必要为了过高的隔声要求选择很厚重的门扇。因为安装及使用过程产生的缝隙将抵消选用厚重门扇带来的好处。为了防止缝隙漏声，做企口，即凸凹槽口搭合拼接的结构是常用的方法。实践证明，多道企口与两道企口的隔声效果相差不大，所以没有必要做多道企口。

C 隔声窗

窗往往是建筑物中隔声性能最差的。室外的噪声一般通过窗户、窗的缝隙漏入室内，窗玻璃受室外声波作用很容易产生振动，向室内辐射噪声。窗户隔声性能一般和窗框材料无关，主要取决于玻璃的隔声性能。因此在高隔声要求时一般采用双层玻璃窗，或采用双层玻璃黏结形成的复合玻璃。双层玻璃窗间留有空隙，两块玻璃厚度不宜相同，并且安装时互相不平行，这样可以进一步减少噪声的影响。复合玻璃采用两层玻璃黏结而成，内部夹空气层。常用结构的玻璃厚度为5～8mm，夹空气层厚度为6～14mm，由专业厂商特殊制造。使用复合玻璃的隔声窗的平均隔声量可以达到25～35dB，比单层普通玻璃窗高9～13dB。双窗的隔声量一般可以达到复合玻璃窗的上限值，但价格仅是复合玻璃窗的50%，所以，在空间条件允许的情况下，尽可能用双窗。

2.2.2.2　具有减噪效用的建筑材料

（1）混凝土。普通混凝土的密度大约2.3kg/dm^3，属于阻断空气中声音传播的最好衰减材料。混凝土几乎不吸声，但是制成多孔形式的加气混凝土，吸声效果相当明显。比如：在马钢新区第二能源控制中心大楼墙体工程中，采用200mm厚加气混凝土砌块墙体，有明显的吸声效果，隔声性能大于43dB，使楼内的各设备用房产生的噪声，楼外工业厂房、设备机房产生的噪声危害大幅降低。

（2）空心砖。180mm厚空心砖墙体（双面抹灰）隔声量为46～47dB，190mm厚空心砖墙体（双面抹灰）隔声量为49～52dB，240mm厚空心砖墙体（双面抹灰）隔声量为46～51dB。建筑室内地面以上的砌体采用空心砖，能明显提高减噪效果。

（3）玻璃。玻璃是由硅酸盐混合特制而成的声音衰减材料，采用双层中空玻璃，可以达到非常好的隔声效果。在马钢新区石灰窑，热轧1号及2号镀锌生产线电控楼门窗工程中，普遍应用5+9A+5型中空净白玻璃，隔声量约40dB，减少了工业噪声通过门窗对电控楼中工作人员的不利影响。

（4）钢托梁和桁架。钢托梁和桁架这些构件本身并不能吸收声音，只能对声音产生散射。但是，它们的空间位置和数量以及刚性会影响声音的衰减，尤其是振动的隔离。

（5）钢承板。钢承板是一种钢质薄板，一般有波纹，以承载更大的力。它多作为其他材料的基座或模板。钢承板对噪声的衰减一般由板和顶部材料（如混凝土）的组合质量来决定，钢承板一般通过共振来吸收低频范围的声音。

（6）穿孔吸声板。玻璃纤维多孔板、矿物棉多孔板以及金属多孔板，都是很好的吸声材料，常用于室内隔墙及吊顶中。马钢新区主控楼和电控楼等建筑的配电室，控制室中多处应用了这类材料，从而降低了噪声对工作人员的影响。

（7）弹性构架及钢弹簧。弹性构架主要作用是隔离振动，可用于地面安装设备；钢弹簧主要用于隔离振动设备发出的声音，例如风扇、泵和压缩机等。

2.2.2.3 隔声孔洞的控制

隔声材料上的孔洞与缝隙对隔声性能影响很大。由于声波的衍射作用，即使空洞和缝隙占有的面积比例不大，也会大大降低构件的平均隔声量，并且影响到声波直线传播以外的广大区域。

对隔声性能要求高的构件应尽量避免在墙体上开孔，即便是开了门窗，也需要保持经常关闭的状态，否则在墙体上采取的隔声措施都失去意义。为了降低空洞和缝隙对隔声性能的不良影响，要对空洞进行一些处理。一般来说可以采取密封或临时密封的方法。当孔洞不运输物料或作其他使用的时候，要对它进行密封。例如可以使用软性幕布对始终开启的门缝进行密封。对用作通风的孔洞，可以将其做成消声通道，削减漏出的声能量。

2.2.2.4 建筑隔声设计的注意事项

（1）选择和设计隔声体前，首先应该收集隔声材料隔声性能的实测数据，在没有实测数据时，可根据质量定律的经验公式估算。根据质量定律，墙或其他建筑板材的隔声量与其表面密度（或单位面积的质量）的对数成正比，用公式可表示为

$$R_0 = 20\lg(f\rho_s) - 43$$

式中 R_0——正入射隔声量，dB；

ρ_s——面密度，kg/m^2；

f——声波频率，Hz。

质量定律说明，当墙的材料已经确定后，为增加其隔声量，唯一的办法是增加墙的厚度，厚度增加一倍，单位面积质量即增加一倍，隔声量增加 6dB；该定律还表明，低频的隔声比高频的隔声要困难。实际工程经验表明，靠增加厚度所能获得的隔声量的增加比理论值低，厚度加倍，隔声量大约只增加 4.5dB。

（2）选用双层隔声时，双层结构各层的厚度不宜相同，最好加阻尼层。

（3）双层隔声体之间要避免出现声桥，因为声桥的存在，将破坏空气弹性层作用，使隔声量下降。在双层中间填充吸声材料可以增加大约 3～5dB 的隔声量。

（4）建筑隔声选择的门和窗的隔声性能应该和缝隙处理的严密性相适应，并和整个房间的隔声性能要求一致。

（5）对于临街建筑，利用阳台、走廊等减少临街一侧的门窗漏声是常用的方法。在阳台的四周加固挡板相当于加了一块隔声屏。而增加走廊，内部再开门和窗，能明显降低对临街门窗的隔声性能要求。

2.2.2.5 家庭装修应注意的隔声事项

现代家庭装修中，隔音已经成为一个必须要考虑的问题。资深监理人员亦提示，在装修时通过选材以及相关隔声措施，完全可以将噪声对人的伤害减低到

最小。

比如在装修时，应为下水管道包覆吸音板。首先，在下水管道外安装龙骨支架，然后在外面钉上吸音板，还可以在吸音板里面黏上一层海绵或者聚氯乙烯泡沫板，板材厚度在1cm以上，就可以消隔噪声了。如果装修时没想到，装修之后也可以在水管外另外包覆一层棉花、海绵或者管状聚氯乙烯泡沫塑料，外面再用胶带缠绕，也能降低噪声。

如果房子离马路较近，装修时可考虑在房间内安装双层隔音玻璃窗，能够更好地阻挡来自外界的噪声。如果有必要还可以使用隔声门。

装修完成后，如果要减低噪声，就只能在家具、饰物等小地方动些小手术了。在墙壁上挂几块隔声毯，使用厚窗帘、吸声棉、壁纸等，都可以达到吸音作用，其中以窗帘的隔声作用最为明显。现在这些东西种类繁多，造型各异，都非常精致可爱，在起到降噪效果的同时，也不是为一种现在家居装饰品。

2.3　消声器

消声器是一种既能使气流通过又能有效地降低噪声的设备。通常可用消声器降低各种空气动力设备的进出口、沿管道传递的噪声。例如在内燃机、通风机、鼓风机、压缩机、燃气轮机以及各种高压、高气流排放的噪声控制中都广泛使用消声器。一个性能好的消声器，可使气流噪声降低20～40dB(A)，在噪声控制中应用极为广泛。但是，消声器不能降低空气动力设备的机壳、管壁等辐射的噪声。目前全国有300多个噪声与振动控制设备生产厂家，其中70%的厂家都生产消声器，消声器的型号多达几百种。部分生产厂家生产的消声器已经达到标准化、系列化、定型化。

生活中可能会注意到的微声枪（sileneed gun）俗称“无声枪”，就是消声器的一个典型应用。这种枪采用枪口消声器以及其他一些技术措施，消减射击噪声，主要用于隐蔽射击行动，执行特殊任务。1908年，美国制造商和发明家H. P. 马克沁发明了世界上第一个枪用消声器，微声枪由此而诞生。1912年，美国将马克沁的消声器加以改进，装在步枪上，制出了最早的微声步枪。后来又制成了微声手枪，供谍报人员和特种部队使用。

据说第一批微声手枪生产出来时，当时美国总统的一位好友挑选了一支，准备送给总统，他悄悄带着微声手枪和沙袋进了白宫。不巧，总统正在办公室与别人谈话。于是，这位总统的朋友把沙袋放在办公室外的角落，用微声手枪向沙袋连放10枪。当他把还有余热的手枪递给总统时，总统才知道有人在近在咫尺的地方开枪了。总统惊讶不已，并幽默地对朋友说：“只有你才能带着这种武器进我的办公室来。要是换了别人，说不定我的脑袋掉了还无人知道。”不过，直到第二次世界大战期间，微声枪才广泛用于实战。

常见的微声枪有微声手枪和微声冲锋枪，微声步枪很少，还没有成功的微声机枪。微声枪通常被称作无声枪。但实际上，它在射击时并非完全无声，而是声音微弱，即使是在寂静的环境中，一般也不会引起附近其他人的注意。微声枪通常是用装在普通枪管上的消声器来达到消声作用的。微声枪有微光、微烟等特点，它是突击、侦察、反恐怖分队不可缺少的特种武器。

一个好的消声器应满足以下五项基本要求：

（1）声学性能：应该具备较好的消声特性。消声器在一定的流速、温度、湿度、压力等工作环境中以及在所要求的频率范围内都应有足够大的消声量，或在较宽的频率范围内能满足所需要的消声量的要求。

（2）空气动力性能：消声器要有良好的空气动力性能，对气流的阻力要小。阻力损失和功率损失都要控制在实际允许的范围内，不影响气动设备的正常工作，气流通过消声器时所产生的再生噪声要低。

（3）结构性能：消声器的空间位置要合理，体积小，重量轻，结构简单，便于加工、安装和维修，材质坚固耐用。应注意耐高温、耐腐蚀、耐潮湿等特殊要求。

（4）外形及装饰：消声器的外形应美观大方，体积和外形应满足设备总体布局的限制要求，表面装饰应与设备总体相协调，体现环保产品的特点。

（5）价格费用：消声器要价格便宜，经久耐用。条件允许的情况下，应尽可能减少消声器的材料消耗，以降低费用。

按消声器的降噪原理可将消声器分为阻性消声器、抗性消声器、排气放空消声器等。在噪声控制工程上，常综合采用上述原理制成复合型消声器，以增强消声效果。

2.3.1 消声器的类型

2.3.1.1 阻性消声器

阻性消声器主要是利用多孔吸声材料来降低噪声。将吸声材料固定在气流通道的内壁上或者按照一定的方式排列在管道中，就构成了阻性消声器。当声波进入阻性消声器时，一部分声能在多孔材料的孔隙中摩擦而转化成热能耗散掉，使沿通道传播的噪声不断被吸收而逐渐衰减。阻性消声器就好像电学上的纯电阻电路一样，吸声材料类似于电阻。因此，人们就把这种消声器称为阻性消声器。阻性消声器对中高频消声效果好、对低频消声效果较差。

阻性消声器主要用于空调系统管道、机房进排风口以及汽车、飞机等需要减少空气阻力的一些器件的进、排风口。根据使用的要求，可以采取不同的吸声材料和结构形式。例如对于通常用的空调机，可在管道内壁添加一层厚度大约为2.5cm 玻璃纤维结构。大型喷气发动机车间的排气口设计比较复杂，可以在管道中安装吸声器板或吸声圆筒等。

阻性消声器种类繁多，常见的有管式、片式、折板式、声流式、蜂窝式、室式和弯头式等几种。

（1）管式消声器。管式消声器是应用最早的消声器，结构简单，阻力小，加工容易，空气动力性能好，适合管道直径小于400mm 的场合。直管式消声器是最简单的管式消声器。单通道直管式消声器是最基本的阻性消声器，适用于流量小的管道消声。

（2）片式消声器。片式消声器一般应用于气流量较大的管道或设备的进、排气口。为了防止高频失效，通常是将直管式阻性消声器的通道分成若干个小通道，将其设计成片式。一般情况下，片式消声器中每个小通道的尺寸应该是相同的，每个通道的消声频率特性也一样。这样，其中一个通道的消声量就是整个消声器的消声量。

一些大风量片式消声器系列已广泛应用于地铁、隧道、地下车库、发电站等大中型通风工程中。目前可以提供风量从$(1.5 \sim 40)\times 10^4 m^3/h$七大系列共91种规格的片式消声器。消声片长度为2000mm，高度分别为1000mm、1250mm、1500mm、1750mm、2000mm，厚度为250mm，片间距250mm。该消声器单位长度消声量可达18dB(A)，压力损失仅为9.8Pa。

（3）折板式消声器。为了增加高频的消声效果可将片式消声器的直通道演变成为曲线通道，即为折板式消声器。经过这样的改造可以增加声波在消声器通道内的反射次数，增加声波与吸声材料的接触机会，进而达到改善消声性能的目的。由于折板式消声器的阻力比较大，一般适用于高压风机或鼓的消声。

（4）声流式消声器。为了减小阻力，可将折板式的折角变为平滑型，称为声流式消声器。当声波通过厚度连续变化的消声片时，可以改善低、中频消声性能。经过改造后可以使气流通过流畅、阻力减小，消声量比相同尺寸的片式要高一些，广州市耀安实业发展有限公司生产的这种消声器广泛应用于各种工程上，如奥林匹克中心、广东省会展、大学城工程、中洲中心等。主要用于为大中型风机、通风管道等进行消声降噪。该消声器的缺点就是结构复杂，制造工艺难度大，造价比较高。

（5）蜂窝式消声器。蜂窝式消声器是由许多小型管式消声器并联组成，对于圆管道，直径一般不大于200mm，方管不超过200mm×200mm。蜂窝式消声器有效截频较管式高，消声效果（尤其是中高频）较管式好。但构造复杂，阻力和体积较大。蜂窝式消声器广泛应用于化工厂、造纸厂、炼钢厂、炼油厂、冶炼厂、核电厂、纺织厂、整染厂、醋酸纤维厂等。

ZKSB型蜂窝式消声器所用的吸声材料为20mm厚聚氨酯泡沫塑料或超细玻璃棉毡，吸声材料贴在1mm厚镀锌钢板管壁内侧，吸声材料外侧用玻璃丝布和镀锌铁丝网固定。蜂窝孔分四孔、六孔、九孔三种，在允许风速的条件下，孔洞越多，消声器所处理的风量就越大。

（6）室式消声器。室式消声器是一个内壁贴有吸声材料的小消声室，进、排气管接在室的两对角上，这种消声器是由于截面积的两次突变引起声音的反射以及吸声材料对声波的吸收而起到消声作用的。其优点是消声频带较宽，消声量较大；缺点是阻力损失大，占有空间大，一般只适用于低速进、排气消声。

（7）弯头式消声器。在弯道内衬贴上吸声材料就构成了弯头式消声器。弯头式消声器在低频段消声效果差，在高频段消声效果好。弯头上衬贴吸声材料与不衬贴吸声材料，消声效果一般可相差10dB左右。弯头上衬贴吸声材料的长度，一般取相当于管道截面尺寸的2～4倍。为了降低管道内阻力损失，可以设计成内侧具有弯曲形状的直角弯头。弯头式消声器的消声性能主要与弯头大小、形状、吸声材料或结构以及通过气流速度等有关。一般作为消声器量不足时的辅助消声措施。多用于通风空调，房间进风、排风中。

（8）盘式消声器。在消声器的空间尺寸受到限制时，通常使用盘式消声器。它的外形呈圆盘状，消声器的轴向长度和体积都大大缩减。由于它的消声通道截面是渐变的，气流速度也随之变化，阻力损失较小，进气和出气方向互相垂直，使声波发生弯折而提高了中、高频的消声效果。盘式消声器适用0.5～10t/h的小型工业锅炉引风机控制空气动力性噪声，气体含尘量应低于100mg/m^3（标况），以免影响使用效果。消声量14～17dB(A)，压力损失不大于54～100Pa，温度不高于200℃。

2.3.1.2　抗性消声器

抗性消声器是由声抗性原件组成的消声器，它不使用吸声材料，而是在管道上连接截面突变的管段或旁接共振腔，利用声阻抗失配，使某些频率的声波在阻抗突变的截面发生反射、干涉等现象，从而达到消声的目的。抗性消声器对低、中频噪声消声效果较好，适用于消除汽车、拖拉机、空压机等进口和排口的噪声。

汽车消声器就是一种典型的抗性消声器，它的消声原理就是基于它的排气管由两个长度不同的管道构成，这两个管道先分开后再交汇。由于两个管道的长度差值等于汽车所发出的声波的波长的一半，使得两列声波在叠加时发生干涉而相互抵消而减弱声强，使声音减小，从而起到消声的效果。

汽车噪声主要来自汽车排气噪声，其次为引擎噪声和轮胎噪声。若不加消声器，汽车排气噪声可达100dB以上；引擎噪声在汽车正常运转时，可达90dB以上；轮胎噪声在车速为90km/h以上时，可达95dB左右。在排气系统中加上消声器，可使汽车排气噪声降低20～30dB。在引擎方面，以汽油引擎代替柴油引擎，可以降低引擎噪声6～8dB。

汽车消声器的主要作用是降低发动机的排气噪声，并使高温废气能安全有效地排出。消声器作为排气管道的一部分，应该保证其排气畅通、阻力小及具有足够的强度。消声器要经受500～700℃高温排气，保证在汽车规定的行驶里程内，不损坏、不失去消声效果。

抗性消声器的最大优点是不需使用多孔吸声材料。因此对于高温、潮湿、流速较大、含尘量高的排气的消声效果较阻性消声器好。常用的有扩张式消声器和共振腔消声器。

A　扩张式消声器

扩张式消声器也称为膨胀式消声器。它是由管和室组成的，利用管道截面的扩张、收缩引起声反射和干涉消声。最基本的形式是单节扩张式消声器。在实际工程中，为了得到较好的消声效果，通常将多节不同的扩张室用不同长度的内插管串联起来，这样可以在较宽的频率范围内获得较高的消声量。一般的串联级数为2～4。

扩张式消声器通过截面的突变，会使阻力损失加大，为改善空气动力性能，常用穿孔率大于25%的穿孔管将扩张室的插入管连接起来。气流通过这样的一段管道比通过一段截面突变的管道阻力损失要小得多，但对消声性能几乎没有多大的影响。

某汽车发动机排气噪声主要为低频脉动气流噪声，排气温度较高，因此可以设计一个多级扩张式消声器。该消声器由带插入管的四节扩张室串联构成。它的工作原理是：发动机的排气噪声随废气由发动机排气管排出后，进入消声器插入管，通过穿孔管，在扩张室中膨胀，最后由消声器的尾管排入大气。消声器各节扩张室尺寸和插入管长度均按汽车噪声降噪要求设计。该消声器经试验测得，消声量在30dB(A)以上，功率损失约为4%，消声性能良好。

B　共振腔消声器

共振式消声器本质上是共振吸声结构的一种应用。它是由一段开有一定数量小孔的管道同管外一个密闭的空腔连通而构成的一个共振系统。管道小孔中的空气柱类似活塞，具有一定的声质量；密闭空腔类似于空气弹簧，二者组成一个共振系统。当声波传至颈口时，空气柱不停地做往复运动，与孔壁摩擦，使一部分声能转换为热能耗散掉。当声波频率与消声器固有频率相同时，就产生了共振，在共振频率及其附近，空气柱振动达到最大值，消耗的声能最多，消声量也最大。共振腔消声频率较窄，要克服这一缺点，工程上常将几节具有不同共振频率的共振消声器串联。这样，可以在较宽的频带范围内获得较大的消声量，多节共振腔消声器串联，总的消声量可近似等于各个共振器消声量的总和。

共振腔消声器主要用于消除低频或中频窄带噪声或峰值噪声。结构简单，空气阻力小。像化工厂、造纸厂、炼钢厂、炼油厂、冶炼厂、核电厂、纺织厂、整染厂、醋酸纤维厂等都有共振式消声器的应用。

2.3.1.3 排气放空消声器

排气放空噪声一般都是由高速气流流动的不稳定性产生的，流动的气流一般具有高温、高压、高流速的特点。它是化工、石油、电力、冶金等工业生产中的重要噪声源，排放的噪声强度大、频谱宽且噪声影响范围也非常大。

排气放空消声器的主要形式有小孔喷注消声器、多孔扩散消声器、节流减压消声器、引射掺冷消声器、喷雾消声器等。

A 小孔喷注消声器

小孔喷注消声器是一种直径与原排气口相同，但末端封闭的消声管。在它的管壁上有很多排气小孔，小孔的总面积一般大于原来排气口的面积。一般而言，小孔的直径越小，降低排气噪声的效果就越好。小孔喷注消声器利用许多小喷口代替原来的大截面喷口，比较适用于流速极高的放空排气噪声的降低。

小孔喷注消声器在保持相同排气量的前提下，改为许多小孔来代替原来的大截面，将高频声移向人耳不敏感的超声范围，从而达到降噪的目的。在一般的排气放空中，排气管的直径为几厘米到几十厘米，小孔喷注消声器的孔径为1mm。在小孔范围内，孔径减半，可使消声量提高9dB，考虑到加工小孔的难易程度，小孔直径不宜太小。

小孔喷注消声器主要适用于降低压力较低而流速较高的排气放空噪声，其消声量一般为20dB左右，且具有体积小、重量轻、结构简单、经济耐用，消声量大等特点。

小孔喷注消声器设计要点如下：

（1）孔径的确定。小孔喷注消声器的消声量与孔径有关，小孔的直径越小，消声量越大，但孔径越小，加工越困难，所以在工程实际应用中，孔径一般取1～3mm。

（2）孔心距的确定。小孔喷注消声器上各个小孔之间应该有足够大的距离，各个小孔的喷注才能看做是相互独立的。否则如果小孔之间的距离太小，气流经过小孔后形成的小喷注会汇合形成大的喷注进而会辐射噪声，从而降低消声器的消声量。两小孔中心间距的大小取决于小孔喷注前受的压力的大小。压力越高，空心距就越大。在工程实际应用中，孔心距应是选小孔孔径的5～10倍。

（3）气体流过小孔的总截面积的确定。将小孔喷注消声器安装在高压容器或是高压管道的喷口上，如果消声器对放空气流阻力过大，会使容器、管道或消声器压力增大，如果超过耐压极限，就会导致容器或消声器损坏，甚至发生爆炸。因此，为了保证安装消声器后不影响原来设备的排气，一般要求小孔的总面积比排气口的截面积大1.5～2倍。

（4）结构强度设计。小孔喷注消声器应选择焊接性能好，对小孔局部应力集中不敏感的金属材料。例如合金钢。当排气压力较高时，端头选取球面形状；压力较低时，端头采用拱形。消声器可近似看做是内部承压的薄壁容器，并应对小孔应力集中的影响进行强度检验。

（5）防护措施。在高压气体向上排放的情况下，可以专门给小孔喷注消声器制作一个半封闭的圆形防护外罩，使气流经小孔进入外罩汇合后由开口端喷出。为了防止外罩影响降噪，可以将外罩设计成阻性消声器。

B　多孔扩散消声器

多孔扩散消声器中的气体流量通过多孔装置扩散后，速度和驻点压力都会迅速降低。随着材料工业的发展，现已广泛使用多孔陶瓷、烧结金属、多层金属网制成多孔扩散消声器。这些材料本身有大量的细小空隙，当气流通过这些材料制成的消声器时，气流压力降低，流速被扩散减小，相应地削弱了辐射噪声的强度。同时这些材料往往还具有阻性材料的吸声作用，自身也可以吸收一部分声能。

多孔扩散消声器的设计与小孔喷注消声器的设计十分相似。有效通流面积要大于排气管道的横截面积。如果扩散的面积设计得足够大，降噪效果可达 30 ~ 50dB(A)。在条件允许的情况下，应尽可能增大扩散面积，以获得较高的降噪量。

多孔扩散消声器加工简单，适合于降低小口径高压放空气体。在实际应用中，为了防止堵塞气流通道，要适时清洗。

在英国 Fiddlers Ferry 火电厂的 50×10^4kW 机组上安装的一个多级扩散消声器，采用四级节流扩散，逐渐减速减压，每秒钟通过 25kg 的高压蒸汽，能降低噪声 30dB。安装在英国 Drax 电厂 66×10^4kW 机组的锅炉上的一个五级扩散的消声器，蒸汽流量为 125kg/s，降低噪声 28dB，尾管出口处，能降低噪声 8 ~ 9dB。效果非常好。

C　多级节流降压排气消声器

根据节流降压原理，当高压气流通过具有一定流通面积的节流孔板时，压力会降低。通过多级节流孔板串联，就可以把原来高压直接排空的一次大的突变压降分散为多次小的渐变压降。这种将压力突变排空改为压力渐变排空的方式，可以取得消声效果。

多级节流降压排气消声器主要适用于高温、高压排气条件。在炼油、化工冶金、炼钢企业中有较广泛的应用，该消声器在应用时必须有足够的强度和好的加工质量，消声量一般为 15 ~ 20dB(A)。如果要有更高的消声量，可在节流降压消声器后再加阻性消声器。

D　引射掺冷消声器

对于排放高温气流的噪声源，例如锅炉排气，燃汽轮机排气等可以采用引射掺入冷空气的方法来提高吸声结构的消声性能。

引射掺冷消声器的消声机理是当气流由排气管排入消声器后，在气流周围形成负压区，利用这种负压把外界冷空气从上半部外壁上的掺冷孔吸入，经微穿孔板吸声结构的内腔，从排气管口周围掺入到排放的高温气流中去，在消声器通道内形成温度梯度，使得中间热，四周冷，温度梯度导致声波产生梯度，声波在传播过程中向消声器周壁弯曲，而在周壁设置的微穿孔板吸声结构恰好能把声能吸收。

E 喷雾消声器

对于锅炉等排放的高温蒸汽流噪声，可以采用向发出噪声的蒸汽喷口均匀地喷淋水雾来达到降低噪声的目的。其中一个原因就是喷淋水雾后，介质密度和声速发生了变化，因而引起声阻抗的变化，使声波发生反射；另外当气液两相介质混合时，彼此相互作用，产生摩擦也能消耗一部分声能。

喷雾消声器的消声效果与喷水量的多少有关，所以为了维持雾状水要均匀不停地喷洒，喷嘴要很细而且要保证畅通。

2.3.1.4 阻抗复合型消声器

阻性消声器对中、高频噪声有较好的消声效果，抗性消声器则适于消除低、中频噪声。为使消声器在更广的范围内有良好的消声效果，通常将二者结合起来，构成阻抗复合型消声器。阻抗性复合消声器是将阻性消声部分与抗性消声部分串联组合而形成，兼有阻性和抗性消声器的特点，可以在宽泛的频率范围内取得较好的消声效果。在噪声控制工程中，几乎都是采用这种复合型消声器来消除高强度的宽频带噪声。常用的形式有阻性-扩张式复合型，阻性-共振腔复合型，阻性-扩张式-共振腔复合型等。

阻抗复合型消声器的消声量，可以认为是将阻性和抗性在同一频带的消声量相叠加。但由于声波在传播过程中，具有反射、绕射、折射、干涉等特性，所以消声值不是简单的叠加关系。当声波波长较长时，阻抗复合后因耦合作用，导致阻抗段的消声量及特性互相影响。因此，在实际应用中，阻抗复合型消声器的消声量通常由试验或实际测量确定。

A 微穿孔板消声器

具有阻性和共振消声器的双重特点，它的消声原理主要是利用减少共振结构的孔径，显著提高声阻，从而达到拉宽消声频带的目的。同时利用空腔的大小来控制吸收峰的共振频率。空腔愈大，共振频率愈低，反之，共振频率愈高。所以调节空腔大小，即可在较高频率范围内获得较好的消声效果。

微穿孔板消声器的特点就是不用任何吸声材料，直接用微穿孔薄板制成。微穿孔板的板材一般采用厚度为0.2～1.0mm的铝板、钢板、不锈钢板、镀锌板、塑料板、PVC板、胶合板、纸板等。孔径在0.2～1.0mm之间。为了拓宽吸收频带，孔径应尽可能小，但又由于微孔易堵塞和制造工艺难度大，常用孔径为0.5~1.0mm。穿孔率一般在1%~3%，并在穿孔板后面留有一定的空腔，就成为微穿孔板吸声结构了。

设计多层微穿孔板消声器时，注意到微穿孔板与刚性壁之间以及微穿孔板与微穿孔板之间的空腔总厚度，按照吸收频带的不同，前、后腔的厚度可以相同，也可以不相同。如果吸收的是低频成分，那空腔可以大一些，一般介于150~200mm之间；中频就小些，介于80~120mm之间；高频更小些，介于30~50mm之间。如果厚度不一样，前后两腔的厚度的比例一般不应大于1∶3，否则，吸声效果会变差。

气流通道中的气流速度应适中。对于50~100m/s的较高流速，应该在消声器入口端加一节变径管接头，用以降低入口流速；对于低于5m/s的流速，可以采用减小消声器尺寸的方法，同时可以考虑使接近气流的一层微穿孔板上的穿孔率略高一些。为了防止空腔内沿轴向方向声波的传播，可以每隔500mm左右增加一块横向挡板，用来提高消声量。

近年来，我国已研制成功在多种条件下使用的微穿孔板消声器，并已形成系列化产品，经工程上使用，效果良好。如通风空调消声器、鼓风机进排气消声器、燃汽轮机消声器，飞机发动机试车消声器、内燃机消声器等。

B　扩散吸声消声器

在高压排气口的扩散型消声器上加一个吸声过程，就构成抗性与阻性结合的扩散吸声消声器。英国的火力发电站推行的一种组合式排气消声器，已广泛应用于英国的蒸汽锅炉及空气压缩机排气口。这种消声器包括两部分，一部分是由一系列节流孔板组成，各板上孔的尺寸都是逐级减小的以针对不同的峰值频率。每块板上孔的总面积则是逐渐增大，使流速逐系列减少，通过这一段可降低噪声15~20dB。第二部分实际就是一个圆筒形阻性消声器，可进一步降低噪声15dB。

C　新型排气放空消声器

主要采用吸声性能好、耐温高的超细吸音玻璃棉，以及美国的经特殊处理的消声滤材和其他材料组合制成。通过消声器可降低噪声30dB以上，完全达到了同进口产品相同的效果，并带有旁通安全阀，开启压力为196~216kPa。当旁通安全阀打开时，必须更换消声过滤器的材料才能继续使用。该系列产品适宜工作压力达1.0MPa的吸干机。

2.3.2　消声器的设置

正确的选型是保证良好消声效果的关键。应按噪声源性质、频谱、环境的不同，选择不同类型的消声器。例如，风机类噪声，一般可选用阻性或阻抗复合型消声器；空压机、柴油机等，可选用抗性或以抗性为主的复合型消声器；锅炉蒸汽的室温、高压、高速排放空气，可选用新型节流减压及小孔喷注消声器；对于风机特别大或通道面积很大的噪声源，可以设置消声房、消声器坑、消声塔或以特制消声元件组成的消声器。

消声器一定要与消声源相匹配，例如，风机安装消声器时，既要保证设计要求的消声量，又要能满足风量、流量、压力损失等性能要求。一般来说，消声器的额定风量应等于或稍大于风机的实际风量。若消声器不是直接与风机进风管道相连，而是安装于密封隔声室的进风时，消声器设计风量必须大于风机的实际风量，以免密封隔声室内形成负压。消声器的风速应等于或小于风机实际流速，防止产生过高的再生噪声。消声器的阻力应小于或等于允许阻力。

消声器的安装一般应注意以下几个问题：

（1）消声器的接口要牢靠。消声器往往是安装于需要消声的设备上或管道上，消声器与设备或管道的连接一定要牢靠，较重大的消声器应支撑在专门的承重架上，若附于其他管道上，应注意支撑位置的牢度和刚度。

（2）在消声器上加接变径管。对于风机消声器，为减少机械噪声对消声器的影响，消声器不应与风机接口直接连接，应加设中间管道。一般情况下，该中间管道长度为风机接口直径的 3～4 倍。当所选用的消声器接口形状尺寸与内机接口不同时，可考虑在消声器前后加接变径管，变径管的当量扩张一般不得大于 20 度。

（3）防止其他噪声传入消声器的后端。消声设备的机壳或管道辐射的噪声有可能传入消声器后端，致使消声效果下降，因此，必要时可在消声器外壳或部分管道上做隔声处理。例如消声器法兰和风机管道法兰连接处应加弹性垫并注意密闭以免漏声、漏气或刚性连接引起固体传声。在通风空调系统中，消声器应尽量安装于靠近使用房间的地方；排气消声器应尽量安装在气流平稳的管段。

（4）在消声器安装场所采取防护措施。消声器露天使用时加防雨罩；作为进气消声使用时应加防尘罩；含粉尘的场合应加过滤器。一般的通风消声器，气体含尘量应低于 150mg/m^3，不允许含水雾、油雾或腐蚀性气体通过，气体温度不应该大于 150℃，在寒冷地区使用时，应防止消声器孔板表面结冰。

（5）消声器间流速适当。对于风机消声器片间平均流速，通常可选为等于风机管道流速。用于民用建筑时，消声器片间平均流速常取 3～12m/s；用于工业方面，消声器片间平均流速可取 12～25m/s，最大不得超过 30m/s。流速不同，消声器护面结构也不同。当平行流速小于 10m/s 时，多孔材料的护面可用布或金属丝网；当平行流速为 10～23m/s 时，可采用金属穿孔板护面；当平行流速为 23～45m/s 时，可采用金属穿孔板和玻璃丝布护面；当平行流速为 45～120m/s 时，应采用双层金属穿孔板和钢丝棉护面，且穿孔率大于 20%。

2.4　绿化降噪

绿化降噪是指通过栽植树木和草皮以降低噪声的方法。树林和草坪本身都有减弱噪声的奇妙本领。当人们漫步在绿树成荫的道路上，或者在有茂密树林和绿茵草坪的公园里散步时，会感到十分宁静、心情舒畅、悠然自得；走进树林后更会觉得寂静无声。这是因为树林和草地削弱了外界的噪声，为人类提供了一个幽静的环境。

2.4.1　绿化降噪的原理

城市绿化对于降低环境噪声、改造自然、净化空气、防风固沙、调节和改善城市气候、保护和美化环境等有着重要的作用。

那么，绿色植物为什么能减弱噪声呢？主要是因为树木的枝叶不仅对声波有很强的吸收能力，而且还能不定向地反射声波。当噪声的声波通过树林时，树叶表面的气孔和绒毛，像多孔的纤维吸声板一样，把声音吸收掉。尤其是厚而多汁的叶片，吸声效果更好。同时，枝叶的摆动，使声波减弱，并迅速消失。另一方面，当噪声传播到树林这堵“绿墙”时，一部分被枝干和树叶反射，结果就使噪声大大减弱。因此，人们将绿色植物誉为天然的“消声器”和“隔声板”。

有人测定，噪声通过公园里的成片树林时，可减弱 26 ~ 43dB；绿化的街道比不绿化的街道可降低噪声 8 ~ 10dB；在公路两旁各造 10m 宽的乔、灌木搭配的林带，可使噪声明显降低。因此，绿化造林已成为城市降低和消除噪声的一大措施。一般说来，树冠矮的乔木和灌木，比树冠高的乔木消除噪声的能力大。灌木枝多叶茂，吸声作用更显著。阔叶树的叶片大，吸声效果比针叶树好。几条窄林带，比一条宽林带吸声作用大。由乔木、灌木和草本共同构成的多层次林带，比一层稠密的林带吸声效果更好。

绿化带对噪声也有一定的衰减。一般来说，树木越高，枝叶越密，树林越深，声波的频率越高，绿化带的减噪效果越明显，单排树木对噪声的衰减效果不明显。在一般情况下，10m 宽的松树林带能使频率为 1000Hz 的声音衰减 3dB，杉树林带为 2.8dB，槐树林带为 3.5dB，高 30cm 的草地为 0.7dB，阔叶林带或针叶林带为 1 ~ 5dB。

2.4.2　绿化降噪方法

正确选择树种是提高绿林带防噪效果的重要一环，叶茂枝密、树冠低垂、粗壮、生产迅速的植物品种，如由雪松、杨树、珊瑚树、桂花、水杉、龙柏等组成的绿化带，其减噪能力强。同时，还应该注意选择能抗有害气体的树种。上海市园林科学研究所张庆费高级工程师的课题组选择了本市 30 种主要绿化植物进行隔声、吸声和散射性能测试，发现树冠大、枝叶繁密的乔木，如柏树、香樟、女贞、石楠、珊瑚等，减噪本领出色；夹竹桃、八角金盘、小腊、蚊母等灌木，也有阻隔噪声之功。

建设降噪绿化林带，能吸纳声波降低噪声，是一种常用的降噪方法。选择合适的树种、植株的密度、植被的宽度，同时又可以达到吸收二氧化硫及有害气体、吸附微尘的作用，能改善小气候，防止空气污染，截留公路排水、防眩和美化环境等作用。

杨树可高达10多米，六七米高的香樟也十分常见，因而，多层建筑如“隐藏”在绿化减噪林带后，减噪效果将十分明显。多列树木组成的绿化带较适合城市采用，因为每列之间可以敷设人行林荫道。利用绿化带降低噪声可以收到很好效果，绿林带宽度为10～15m时，降低交通噪声的效果良好；密植20～30m宽的林带能够降低交通噪声10dB。

物种合理配置利于降噪。高层植物可选择杨树、香樟、女贞等，中层可选择柏树、夹竹桃、珊瑚等，下层可种植蚊母、八角金盘等灌木。那么哪些树种配合在一起能最大限度地降低噪声？祝遵凌在南京选择了龙蟠中路、太平北路、北京东路和北京西路的边缘绿化带作为测量点。结果发现，每个观测点的噪声基本上都衰减6.3dB以上。排在降噪第一位的是龙蟠中路，噪声降低了9.9dB。通过分析发现龙蟠路有银杏、香樟和雪松群落，另外还有小叶女贞、紫薇、桂花等多种树木的配合。而四牌楼观测点有水杉、薄壳山核桃群落，另外还有金叶女贞、瓜子黄杨等树木的配合。调查发现，太平北路观测点的大树和四牌楼附近的一样，都是水杉和薄壳山核桃，其植被量比四牌楼观测点多，但其降噪效果并不是最好。而对于南京的老城区来说，法国梧桐、雪松都很多，大树是足够了，但中层的树木还是太少，如果增加一些桂花、石楠、法青等树木，选择一些洒金珊瑚、地被竹、大花六道木、金森女贞等地被植物，防噪效果会更好。

根据城市人口多、建筑密度大的特点，除了大力种树、花、草外，还可大力发展垂直绿化，种植一些攀缘植物，如爬山虎、牵牛花、紫藤、地锦、葡萄等。它们基本上不占地，适合在房基下、围墙边或凉台等处种植。这些植物生长快，繁殖容易，大多数攀缘植物抗污染能力较强，适用于城市环境。这种形式的绿化对减噪非常有效，尤其对高层建筑防治噪声具有一定的作用。如果房屋墙壁被攀缘植物覆盖，那么与抹灰泥的砖墙比较其吸声能力增加4～5倍，这样进入室内的噪声就由于垂直绿化而大大降低。

绿化带如不是很宽，降噪作用就不会明显。但心理作用是很重要的，在街道两旁、办公室外、公共场所和庭院中用草木点缀，能给人以宁静的感觉。在城市里，栽植高矮不同的行道树、防噪声林带和草坪，在街道两旁、住宅周围栽树种草，可为人们创造一个幽静舒适的环境。

2.5　噪声利用

噪声具有局部性、暂时性和多发性的特点。但是随着现代科学技术的发展，人们也能利用噪声造福人类。

（1）利用噪声除草。科学家发现，不同的植物对不同的噪声敏感程度不一样。根据这个道理，人们制造出噪声除草器。这种噪声除草器发出的噪声能使杂草的种子提前萌发，这样就可以在作物生长之前用药物除掉杂草，用“欲擒故纵”的妙策，可保证作物的顺利生长。

（2）利用噪声发电。噪声是一种能量的污染，比如噪声达到 160dB 的喷气式飞机，其声功率约为 10000W；噪声达 140dB 的大型鼓风机，其声功率约为 100W。“聚沙可成塔”，这自然引起新能源开发者的兴趣。科学家发现人造铌酸锂具有在高频高温下将声能转变成电能的特殊功能。科学家还发现，当声波遇到屏障时，声能会转化为电能，英国的学者根据这一原理，设计制造了鼓膜式声波接收器，将接收器与能够增大声能、集聚能量的共鸣器连接，当从共鸣器来的声能作用于声电转换器时，就能发出电来。看来，利用环境噪声发电已指日可待。

（3）利用噪声制冷。众所周知，电冰箱能制冷。但令人鼓舞的是，目前世界上正在开发一种新的制冷技术，即利用微弱的声振动来制冷的新技术，第一台样机已在美国试制成功。在一个结构异常简单，直径不足 1m 的圆筒里叠放着几片起传热作用的玻璃纤维板，圆筒内充满氦气或其他气体。圆筒的一端封死，另一端用有弹性的隔膜密闭，隔膜上的一根导线与磁铁式音圈连接，形成一个微传声器。声波作用于隔膜，使其来回振动，进而改变筒内气体的压力。由于气体压缩时变热，膨胀时冷却，这样就可以制冷了。不难设想，今后的住宅、厂房等建筑物如能考虑到这些因素，即可一举降伏噪声这一无形的祸害，为住宅、厂房等建筑物降温消暑。

（4）利用噪声除尘。美国科研人员发现，高能量的噪声可以使尘粒相聚一体，从而使其重量增加而下沉。他们根据这一原理，研制生产了一种功率为 2kW 的除尘报警器，发出频率 2000Hz、声强为 160dB 的噪声。这种装置可以用于烟囱除尘，控制高温、高压、高腐蚀环境中的尘粒和大气污染。

（5）利用噪声克敌。韩国发明了一种“噪声步枪”，这种特殊步枪发射后，短时间内产生的强烈噪声会使敌人瞬间昏迷过去，从而使敌人束手就擒。西欧一些国家研制的“噪声炸弹”可有效地对付劫机者。这种噪声炸弹爆炸后所产生的不是杀伤力强的碎弹片，而是强力高达 120dB 以上的噪声，可使机上人员包括劫机者顿时昏迷，警察便可从容进入机舱，把劫机犯一网打尽。

（6）利用噪声诊病。美妙、悦耳的音乐能治病，这已为大家所熟知。但噪声怎么能用于诊病呢？最近，科学家制成一种激光听力诊断装置，它由光源、噪声发生器和电脑测试器三部分组成。使用时，它先由微型噪声发生器产生微弱短促的噪声，振动耳膜，然后微型电脑根据回声将耳膜功能的数据显示出来，供医生诊断。它测试迅速，不会损伤耳膜，没有痛感，特别适合儿童使用。

此外，由于人体某些部位发生病变时，该部位的温度也会变化，并且病变的部位不同，疾病的种类不同，其温度也不一样。实验证明当人体组织受到电波辐射，人体分子和原子会分别作不规则的热振动而发出噪声。某个部位的温度越高，噪声也越大。国外科学家根据这一原理，提出用噪声测温法来探测人体的病灶。

（7）噪声温度计。美国科学家最近发明了一种新型的利用噪声测量温度的温度计。发表在最近的《科学》杂志上的研究报告称，这种仪器能够在室温和 -272.15℃之间进行准确的测量。这种温度计是由耶鲁大学的研究人员用中间隔有一段氧化铝的两层铝制成。其原理是，对仪器施以电压，产生的电子穿过中间的隔层，从而形成了电流，而噪声电流谱密度和偏压之间的关系是根据温度改变的。因此，只要知道所加的电压，这个被称为采集噪声温度的仪器（SNT）就能够测出温度。研究人员说，SNT 在 -272.15℃时能精确到千分之一，精确度是现在用于测量接近绝对零度的温度计的 5 倍。这个新设计最大的优势在于，它是一个原始温度计，不需要外部校准。此外，这个仪器的准确测温范围比其他温度计大得多，可能比现在常用的直接温度计有着更广泛的用途。

（8）利用噪声抑癌。噪声可抑制癌细胞的生长速度，德国科学家通过实验发现，在噪声环境中癌细胞的生长速度会减慢。这一发现可能将为治疗癌症开辟一条新的途径。弗赖堡医学院肿瘤科在海德堡德国音乐疗法研究中心的配合下成功地进行了这方面的初步实验。科学家们将试验皿中培养的肺癌细胞置于微型扬声器发出一定规律声音的环境中，结果发现，癌细胞的生长速度比正常条件下慢了 20%。为了验证试验的可靠性，科学家们还通过使扬声器不发出声音而只是借助其磁场，对另一组试验皿中的癌细胞进行影响，实验表明，这一组癌细胞的生长速度并没有减慢。科学家们通过实验还发现，能抑制癌细胞生长速度的并不是含有某种意义的音乐，而是拥有一定音色、音量、速度、声脉冲和时间间隔的普通声音。目前，德国有关的科学家也在考虑进行利用可控声音刺激法抑制肿瘤细胞生长的大规模实验，以进一步验证这一发现的可靠性及可利用的价值。

（9）利用噪声有源消声。通常所采用的三种降噪措施，即在声源处降噪、在传播过程中降噪及针对受体降噪，这三种降噪措施都是消极被动的。为了积极主动地消除噪声，人们发明了“有源消声”这一技术。它是利用所有的声音都由一定的频谱组成，如果可以找到一种声音，其频谱与所要消除的噪声完全一样，只是相位刚好相反（相差 180°），就可以将这种噪声完全抵消掉。关键就在于如何得到那种抵消噪声的声音。实际采用的办法是从噪声源本身着手，设法通过电子线路将原噪声的相位倒过来。由此看来，有源消声这一技术实际上是“以毒攻毒”。

（10）噪声变音乐 。日本研制出了一种新型音响设备，能将家庭生活中的各种流水的噪声，如洗菜、淘米、洗手、洗澡等产生的各种流水的噪声，变成悦耳的协奏曲，让人们听到的是溪水潺潺声、虫鸣蛙叫、树叶瑟瑟声和海浪潮汐声，仿佛置身于大自然中。

在日本横滨车站背后，有一座桥，人们在桥上行走时，听到的不是嘈杂的脚步声，而是清脆悦耳的乐音，犹如细雨的“沙沙声”。原来，科学家们为了消除嘈杂的脚步声，在桥上安装了传感器，它能将行人过桥所产生的振动转化为机械运动，有规律地敲击金属片，让人们聆听到动人心弦的乐音，心中便漾满了诗情画意。

（11）噪声增产。美国科学家丹卡尔森通过多年的试验，发现一些农作物产量如西红柿、水稻、大豆、黄瓜、芝麻等很喜欢噪声，当用噪声刺激这些作物后，其根、茎、叶表面的小孔会扩张到最大限度，因而容易吸收肥料和传输营养，从而使农作物产量成倍增长。丹卡尔森曾用尖锐汽笛声向试验田里的西红柿发射100dB的噪声30多次，同时喷洒营养物，最后西红柿结果900多个，而且比一般西红柿大三分之一左右，总产量增加了9倍。

第3章 几种典型的噪声

3.1 低频噪声

3.1.1 定义

通常我们人耳能听到的声音，是每秒钟振动频率在(20～2)×10^4Hz 的声音，高于2万 Hz 的称为超声，低于20Hz 的称为次声。低频噪声的边界并不是固定的，有些人认为低频噪声在0～250Hz，还有的人认为是在500Hz 以下。但是，日常生活中低频噪声问题主要是由频率范围在0～200Hz 之间的噪声所产生的。因此，我们定义低频噪声是频率在0～200Hz 之间的噪声，包括次声和部分可听到的声音。

随着城市的发展，低频噪声越来越成为了一种“都市病”。近年来，一些高层建筑纷纷林立，于是就有了电梯、水泵等低频噪声源。同时，开发商为了节约土地并美化小区，将配电房、水泵等安装在小区底层，造成了低层的居民不堪其扰。专家表示，低频噪声对人体是一种慢性损伤，容易使人烦躁、易怒，甚至失去理智，长期受袭扰的话，还可能造成神经衰弱、失眠等神经官能症。

家住江汉区东自大厦四楼的刘先生向新闻热线投诉：每天晚上一上床，耳边就响起蚊子般的“嗡嗡”声，闹得人整夜难以入睡。“嗡嗡”声来自楼下的缝纫加工作坊。2000年，刘先生住进东自大厦时还没有缝纫加工作坊。2002年，相继有5家缝纫加工作坊搬至大厦二楼和三楼。从此，“嗡嗡”声不绝于耳，一直严重影响着刘先生及大厦内部分居民的生活。5年来，环保执法人员多次上门进行调查、监测。仪器显示声音不足50dB，低于住宅区夜间噪声标准。

低频噪声与高频噪声不同，高频噪声是那种很尖利的声音，随着距离越远或遭遇障碍物，能迅速衰减。而低频噪声声音分贝不高，却递减得很慢，因此能够长距离直入人耳，比如变压器的电流声，大型冷柜机的声音都属于低频噪声。

“嗡嗡”声属于低频噪声，声音不太响，主要来源有变压器、中央空调、低音喇叭、汽车发动机等。它能长距离穿透墙壁，引起轻微共振，关门、关窗也不起作用。

在医学界，低频噪声被喻为“隐形杀手”，人长期处在其中容易产生神经衰弱、失眠、头痛等病症。

这种声音确实扰民，但又没有超标，依法不能进行处理。据了解，近年来，环保部门多次接到类似投诉，却难有“合法”的处理手段。

一方面是居民受扰，一方面是执法无据。环保方面专家透露，低频噪声污染问题已引起国家有关部门高度重视，我国首部低频噪声污染新标准正在编制中。

3.1.2　低频噪声的传播

低频噪声与高频噪声不同，高频噪声随着距离越远或遭遇障碍物，能迅速衰减，如高频噪声的点声源，声音传播距离增加一倍，衰减值是 6dB，如从离声源 10m 处传播到离声源 20m 处，声音衰减 6dB。

由于低频噪声声波较长，能轻易穿越障碍物，长距离奔袭和穿墙透壁直入人耳。低频噪声和一般的噪声都有一个共同的性质，都是一种振动的波，是能量传播的一种方式。噪声波长越长，穿越障碍物的尺寸越大，低频噪声波长较长，通透力强，一般墙壁难以阻隔其传播。

高层建筑的交通噪声随高度的变化与道路、周围建筑群有很大关系。一般来说，在城市中，高层建筑往往楼层越高，噪声会越大。以北京五环和京昌高速路交汇处水木天成小区为例，1～5 层噪声最小，11 层中等水平，24 层最大。这是因为楼层越高，俯瞰的范围越大，很远处马路的噪声都能传过来，相对的有效噪声源多；楼层低，很多可能直达的噪声源被其他建筑遮盖了，噪声小，所以往往一层噪声最低。如果噪声主要来源只有一条马路，情况会有所不同，以北京南三环某小区为例，1 层最小，11 层最大，再高层又逐渐减小。这是因为地面反射的缘故或有对面建筑反射，往往造成高层建筑中部噪声最大，楼层再高时由于声音的距离衰减声音会变小。而中低频噪声对不同楼层影响程度又有不同，中低频噪声对低层的影响要比高层更加严重，频率越低，影响程度就越大。如北京五环和京昌高速路交汇处水木天成小区，通过在该小区 3 号楼（紧邻京昌高速东侧）交通噪声对不同楼层影响的科研检测中发现，15 层 63Hz 测得的结果 61dB，可在 2 层测得的结果却达到 80dB 以上。

3.1.3　低频噪声声源

低频噪声声源主要有四大类：电梯、变压器、中央空调（包括冷却塔）及交通噪声。

噪声污染已经是世界七大公害之首，而长期处于低频噪声下会对人的听觉神经、心血管、心理与消化系统等产生影响。

目前低频噪声所产生的危害还没有得到人们足够的重视。低频噪声不像紧急刹车和迪厅音乐那样刺耳，而无论是高频噪声还是低频噪声都会产生声压。低频噪声与高频噪声不同，高频噪声随着距离越远或遭遇障碍物，能迅速衰减，而低频噪声却递减得很慢，能够长距离奔袭和穿墙透壁直入人耳。如果人长期受到低频噪声袭扰，容易造成神经衰弱、失眠、头痛等各种神经官能症，甚至影响到孕妇腹中的胎儿。因此，我们要学会远离低频噪声，如建筑工地、木工、交通嘈杂的地方等。

在自然界和人类生产活动中，到处都有低频噪声的存在。比如风暴、雷电、地震、火箭发射、火车高速行驶、飞机飞行、汽笛长鸣以及水力发电等都可以产生不同强度的低频噪声。随着城市化进程的快速发展，生活水平的不断提高，居民区配备了越来越多的辅助设备，它们在使用过程中都不免产生一定程度的噪声。住宅区的变压器噪声、水泵组噪声、电梯机房噪声、凉水塔噪声、中央空调噪声等都是常见的低频噪声。所以说低频噪声充斥着我们的现代生活。

早在20世纪90年代初，低频噪声就已经悄悄地开始影响人们的生活。当时一些开在居民区的“卡拉OK厅”和“迪斯科舞厅”生意兴隆，尽管那些娱乐场所里有着厚厚的墙纸和各种隔音设备，但阻挡的只是属于“高频”的歌声，而低频噪声，比如歌舞厅内的鼓点振动声却可穿墙透壁，直达市民们的客厅、卧室等处。此外，随着城市道路、桥梁以及各种大楼的建成，特别是在一些住宅小区内，电梯和那些本来置于楼外的变压器房、水泵纷纷被移入居民楼内，使用时产生的振动就形成了低频噪声。现在有很多的高层塔楼使用的都是二次供水，这种利用高压水泵供水的方式会产生很强的振动低频噪声，尤其对四层以下的居民会产生很大影响。

低频噪声按传播途径主要分为结构传声、空气传声及驻波，其中驻波危害最重。结构传声是指安装在大楼内的变压器、水泵、中央空调主机通过居住大楼的基础结构大梁、承重梁将低频振动的声波传导到各家各户。空气传声是指低频噪声通过空气直接传播到小区住家户。驻波是指低频噪声在传播过程中经过多次反射形成驻波，低频噪声在波腹中的振幅最强，对人的健康危害最重。对于楼内变压器、水泵等造成的结构传声，可以在安装电梯、变压器、水泵等的时候加上减振措施，最好是将这些装置安装在楼外；对于空气传声，可以在房屋的窗口上安装通风隔声窗来改善。

3.1.4 低频噪声的国家标准和测量方法存在的问题

目前，低频噪声已成为居住区中影响最大的噪声源。城市住宅小区居民对环境噪声中的低频噪声的投诉越来越多，但是，低频噪声尚处于我国法律的“灰色地带”，由此产生的纠纷可适用的法律法规极少，现行的环境噪声标准还没有针对低频噪声的标准。目前国内声环境质量标准极其监测方式主要针对高频噪声检测，低频噪声由于分贝数并不高，没有超标，也因此造成了居民对低频噪声的投诉无门。

GB/T 14623—1993《城市区域环境噪声标准的测量方法》、GB/T 12349—

1990《工业企业厂界噪声测量方法》等测量方法都是用声级计的 A 声级来测量和评价环境噪声。以这样的方法测量低频噪声时，由于低频噪声会大幅度衰减，显示的测量值较小，不能真实客观地反映出低频噪声的存在和人们对它的听觉感受，这也是低频噪声测量时数值常常不超标的原因。

这是国家环境噪声标准和测量方法存在的不足。据了解，国家正在酝酿制定针对低频噪声的环境标准和测量方法。

很多低频噪声的案例虽然取得了较好的诉讼效果，但是也给我们带来了更多的思考与启示。政府、媒体、社会各界以及所有的市民应该认识到低频噪声污染给我们带来的危害，在加强自我意识控制噪声污染的同时，政府立法部门也应当加强城市合理的规划，完善和加强低频噪声环境污染方面的立法、保护公民的环境权、相邻权等相关权利，以达到切实、全面维护公民合法权益的目的。

3.1.5　低频噪声的危害

低频噪声已经接近次声波，而一定强度的次声波对人体的伤害是很大的，甚至有将次声波作为一种致命的杀伤性武器来进行研究的。

迄今为止，人们在茫茫大海上已发现了数十艘无人船。这些船，孤独、奇异而神秘，像诉说一桩桩故事，却又无从说起。

1855 年 2 月 28 日，英国三桅帆船马拉顿号在北大西洋遇到一艘美国船徒瑞姆斯・切斯捷尔号。该船风帆垂落，空无一人，而船只完好，货物依然如故，食物、淡水充足，也无任何搏斗和暴力迹象，只是不见一人，也找不到航海日记和罗盘。

图 3-1　海洋里的无人船

1880 年，人们在美国罗德艾兰组波特市易斯顿斯・比奇镇附近的海面上发现一艘名叫西拜尔德的无人船，船长室的早餐尚在，而全体船员却不知去向了。

更为神秘的是1881年底美国快速机帆炮舰爱伦·奥斯汀号所经历的一件事。这年12月12日，快速机帆炮舰巡逻时，在北大西洋中发现一艘无人帆船。该船内除无人外，一切正常，水果、瓶装酒、淡水、食物完好无缺。舰长格里福芬命几个水手留在帆船上，由他的军舰拖着这条船航行。离海岸还有3天路程时，海上狂风大作，拖船用的缆绳断裂，黑夜茫茫，两船失去了联系，呼叫无音。第二天，当爱伦·奥斯汀号发现该帆船时，舰长派出的水兵都不见了。格里福芬舰长又用重金买动了几个人到那艘帆船上去。这一天能见度很好，微风习习。黎明前，爱伦·奥斯汀号舵手发现船偏离了航线。当他回头再看拖着的帆船时，不禁大吃一惊：帆船不见了！就这样，这艘帆船的失踪成了航海史上又一个神秘的谜。

对于无人船案件，科学家给人们提供了一个谜底：海洋之声。确切地说，此类事件的出现，大都可能是受到海洋次声波的作用而造成的。

海洋次声波一般在风暴和强风下出现，其频率低于20Hz。以波浪表面波峰部波流断裂的程度决定次声波的能量。如果是大风暴，次声波的功率可达数千千瓦。而次声波属弱衰减性能量，因而可以传得很远。当海船遇到这种强能量的次声波时，次声波会对生物体造成辐射。某些频率的次声波，可引起人的疲劳、痛苦，甚至导致失明。同时，过强的次声波常使人们惊恐导致人员失踪。

低频噪声不像紧急刹车声和迪厅音乐那样刺耳，与高频噪声相比，低频噪声波长更长，能轻易穿越障碍物，长距离穿墙透壁直入人耳。

虽然低频噪声对生理的直接影响没有高频噪声那么明显，但低频噪声会对人体健康产生长远的影响。据了解，低频噪声不仅对人体造成功能性损害，还可能引起精神损害。低频噪声可以直达人的耳骨，使人的交感神经紧张，心动过速，血压升高，内分泌失调。人被迫接受这种噪声时，容易烦躁激动、易怒，甚至失去理智。

低频噪声源不仅会损伤听力，而且对心脏也有影响，对人的情绪、精神都会有影响，长期处于这种噪声下，会烦躁、焦虑、头晕。平常在室外或开门窗时，屋外噪声中的低频噪声部分被其他中高频噪声盖过去而使人没有感觉，但关了门窗后，低频噪声会比较明显。因此，通常在夜深人静或较为安静的时候，较容易感受到低频噪声的干扰。

如果长期受到低频噪声袭扰，容易造成神经衰弱、失眠、头痛等各种神经官能症，甚至影响到孕妇腹中的胎儿。很多人抱着忍一忍的态度是十分不正确的。但是，现在这种低频噪声所产生的危害还没有得到人们足够的重视。

3.1.5.1 对孕妇和胎儿的健康危害

日常生活中，就有很多低频噪声对人体造成伤害的例子，其中由于孕妇和胎儿是体质相对最弱的群体，更为容易受到伤害。

36 岁的马良夫妇结婚 8 年后终于在北京一个非常有名的高档社区买下了一套豪宅，也迎来了自己的宝宝。对于马良和他的太太，这是多么大的喜讯。可是谁也没有想到，马良的孩子不但心脏残缺，而且大脑和肺都有毛病，医生检测发现他没有听力，宝宝在 9 天后就夭折了。对于这起悲剧，马良认为是他家楼下水泵房的噪声长期刺激造成的。他在刚搬进新居，妻子怀孕前半年就曾经就这个问题和开发商交涉过。究竟是不是这种被专业人士定义为低频噪声的声音杀死了婴儿，目前还没有最终定论，但马良希望能够让更多的人了解低频噪声对人体的危害。

3.1.5.2　对老年人的影响

低频噪声对老年人的影响主要表现为生理和心理这两方面。曾有过一份调查分析低频噪声对人的影响，把城市交通工具所产生的噪声作为最主要的低频噪声源，通过对兰州市道路交通噪声污染状况的全面调查，并且通过收集到问卷分析出交通噪声与人体健康的相关性，结果发现 80% 的人都反映受到不同程度地受到噪声的影响，其中轻度影响 21.5%，中度影响 46%，重度影响 6.5%；受中度影响的人群常反映出来的是头晕、头胀、注意力不集中、烦躁、失眠等症状；在分析交通噪声对老年人的作用时，发现交通噪声对老年的影响较为严重，暴露于交通噪声的老年人群容易出现烦躁、神经过敏、记忆力过敏、失眠等症状，其中烦躁、头晕、头胀、失眠现象比较普遍。

在分析社区低频噪声对老年人的影响时，在社区居住的老年人对低频噪声的不良反应主要为头痛、头胀、失眠等生理上的心理。在对社区内老年人心理上的影响进行分析时，可以用烦恼度来度量低频噪声对老年人心理和生活的影响，烦恼度越高即表明低频噪声对老年人心理的影响程度越高，也表明老年人对噪声的心理承受能力。

分析噪声对老年人心理的影响，所用的方法主要是通过问卷调查的方式得出，把噪声对居民的影响分为五个等级，即极度烦恼、非常烦恼、中度烦恼、轻度烦恼和不烦恼，并分别赋值为 4、3、2、1、0，其中极度烦恼和非常烦恼都表示噪声影响了老年人正常的生活，如心理上长期处于这种状态可能会引起生理上的症状，如头胀，闻声呕吐等现象；对于中度烦恼主要是对噪声有回避心理，在噪声照射中常伴有烦躁不安的心理；轻度烦恼表现为周围环境比较安静时，能感觉到噪声的存在，可能会引起精神不集中，注意力易分散的情况。

结果表明：影响到生活的人数为 17 人，接近总人数的 53.1%；感到极度烦恼的人为 6 人，非常烦恼的为 6 人，中度烦恼的人为 8 人，轻度烦恼的为 10 人，2 人表示不烦恼。

从调查对象年龄分布来看，10 ~ 20 岁的人口数为 5 人，其中非常烦恼 1 人，占总人数的比例为 20%；20 ~ 40 岁的人口数为 11 人，其中非常烦恼 1 人，极度烦恼1人，所占比例均为9.1%；40~60岁为8人，其中非常烦恼2人，极度烦恼2人，所占比例均为25%；60~80岁为8人，其中非常烦恼2人，极度烦恼3人，所占比例分别为25%和37.5%。

通过对现场的调查分析可以看出不同的年龄段的人群对同一区域内的噪声的反应是不一样的，老年人处于一定强度的噪声环境中引起心理上的烦躁情绪比其他年龄段的人群严重，继而危害老年人的健康。老年人具有特殊的生理结构，对声音的敏感程度比其他人群高，正是由于这个特性，老年人比其他年龄段的群体更易受到低频噪声的伤害，因而创造良好的生活环境有利于老年人的身心健康。

3.1.5.3 对人的听力、心血管系统的危害

医学科研人员通过对某热电厂调查，了解中低频噪声接触对电力生产工人健康的影响，结果发现中低频噪声接触工人在0.5~0.66kHz各频段的听力损伤均明显，而且噪声接触工人高频听力损伤、语频听力损伤检出率分别明显高视觉模糊等。也有报道次声使血压、心律、呼吸出现异常的情况。

中低频噪声对作业人员心血管系统的影响，主要表现为高血压、心电图异常检出率明显高，而且，心电图异常以窦性心动过缓、窦性心律不齐及心肌缺血多见。

中低频噪声接触对作业工人听觉系统、神经系统、心血管系统、消化系统以及代谢功能方面具有损害作用。因此，有必要对热电厂的噪声危害采取切实有效的防范措施，以保护工人的健康。

3.1.5.4 对人的血糖、血脂的影响

某热电厂生产性噪声以中低频、宽频带的连续性稳态噪声为主，通过连续2次3个年度的劳动卫生调查结果可知，噪声刺激通过听觉通路传到人大脑皮层和丘脑下部，能影响内分泌的调节，噪声对血脂的影响表现为血清甘油三酯、胆固醇含量的增高。

3.1.6 低频噪声控制技术

以迪厅、酒吧的低频噪声控制技术为例。近年来，在处理群众来电投诉噪声案件中，迪厅、酒吧噪声扰民案件迅速增多，且反映力度特别强。由于这些迪厅、酒吧一般地处闹市居民区，尤其多数就设立在居民大楼底层，营业的高峰时段又正好是深夜人们需要休息的时间，给居民带来了无限困扰和烦恼。从酒吧初始设计及事后治理的情况看，设计者和施工单位普遍缺乏噪声控制专业技术，造成了扰民案例愈来愈多、商住矛盾日益激化的局面。

迪吧所播放的迪斯科音乐通常采用大功率低音炮音箱进行驱动，它所释放的音量一般可达100~125dB(A)左右，基本为中低频段，这种中低频声波穿透能力强、传播距离远、衰减系数低，通常可以通过穿透墙面直达钢筋结构部分，进而

上传至楼顶各层住户，给居民休息带来严重影响。

上述噪声的特性给治理控制带来相当大的难度，一是低频声波具有很强的穿透能力，在建筑设计及酒吧设计上很难在墙面上达到抵消该波长所需的消声厚度；二是每个酒吧大厅都是一个基本六面体，需要控制的范围过大，治理费用自不必说，单地面一个面的减振就难以做到，否则酒吧就会因为没有震撼效果而最终失去顾客。

但凡事都有一个度的问题，亦即作为噪声治理设计者必须在居民休息与酒吧业者之间找一个平衡点，该平衡点就是国家颁布的环保标准。在这样的环保标准允许范围内，可以保证绝大部分居民的正常休息与睡眠，而酒吧经营者也能保持酒吧应有的声量和诱惑力，达到基本的利益统一。

图 3-2　扰民的迪厅、酒吧噪声

3.1.6.1　低频振动的消除

迪厅、酒吧的声波是通过数个音箱来实现的，有几个音箱就有几个点声源，也就有几个球面声波。在传播途径上，音箱可以通过悬挂吊杆、顶梁、立柱、墙面、下水管道、门窗、排气口向四处传递声波。一般来说，如果酒吧是单层结构，四周与其他民宅建筑没有连接点或距离较远，则主要在墙面、门窗、排气口方面控制声波的透射和衍射即可。但如果酒吧是在居民楼尤其是高层建筑中间或底层，控制难度则相当大，治理的重点则应放在低频振动的传播上，从各个点、面都进行必要的减振隔音，才有可能达到设计要求。

（1）安装音箱减振器或减振吊钩。酒吧音箱通常放置地面或悬吊于横梁四周，在播放强劲音乐时，音箱对地面、梁柱体或楼板产生与音乐频率谐振的撞击，进而以固体传声的形式以弹性波传至楼上居民室内。因此，必须采用铺垫减振系统、增加减振吊钩的形式，将点声源低频振动与建筑连接点进行隔离。

（2）梁柱增设减振阻尼层和隔声层。音箱声波发出后，声波在空气中产生高能量振动，一波一波对墙柱梁楼板产生声波撞击，其中低频部分可以穿透水泥墙面直达建筑钢筋部分，并迅速上传至居民室内。因此，必须将主梁、主柱及楼板加设弹性面层或吸隔声中空共振层，以消除高能量声波对钢筋产生振频，隔离声波对该部分区面的撞击。

（3）下水管道增设阻尼层和隔声层。高层建筑的下水管一般在底层店面集中，酒吧声波可以透过水管薄壁直传各户，因此，必须对各户与楼上住户连接的下水管道重新包裹，内层加包减振阻尼层，外层加裹隔声层。

3.1.6.2 声波泄漏的减少

酒吧一般地处居民区附近，进出通道、消防门、空调排气口都有可能成为酒吧声波的释放口和泄漏点，给附近居民造成影响。

（1）酒吧进出通道设计成声闸结构。在现实中，大部分酒吧仅设一道门，无论该道大门隔声性能如何优越，在客人进出开关的时间里，酒吧声波不可避免地产生泄漏。因此，设计上应在原大门距离不少于1.5m处再加设一道隔声门，目的是使客人开启第二道门时第一道门已经关闭，声波无法泄出。

（2）门缝、门槛、门碰减少漏声。过多的门缝间隙使大门隔声效果大大降低，因此必须在这些部位采用胶条设计成密闭结构，通过胶条压紧和空气压缩变形确保声波无法从缝隙处漏声。

（3）排气口安装宽频消声器。空调、排气口在废气排放过程中会把噪声一并带出，其声值视管道长短，最高可以达到酒吧内噪声的水平。设计上必须加装扩张式阻抗复合消声器，以在不影响正常排风的前提下，将高中低宽频声波在消声器内得到基本消除。

（4）酒吧内增设吸声软包。酒吧墙面、沙发、座椅应多采用吸声材料，以降低室内声场的声压，同时也可调节酒吧音量音调更趋和谐动听，减少声波混响过度和刚性声反复振荡对顾客听觉产生的损害。

3.1.6.3 酒吧夹层的隔振

许多酒吧由于楼面高度较高，通常设计有夹层结构，而夹层设立时，为了底层大厅有良好的空间和视线，又尽可能把夹层立柱数量、体积减至最小，用材上也通常采用铁花与钢结构体。这就使得酒吧声波在夹层振动问题上愈显突出：钢结构传声速度极快，夹层振幅过大，夹层钢结构与墙体、立柱联接过密等，直接导致振动波迅速向所联接墙体并通过墙体向上层住宅传递。因此，酒吧的夹层结构图在设计上应注意钢结构与墙体梁体的减振分离，同时根据钢结构重量及受力分布选用固有频率接近、变形量合适的减振装置，夹层地面铺设弹性材料或阻尼层，从而达到夹层隔振的目的。

治理效果显示：采用上述点面控制及多地区、多酒吧、多类型的治理，降噪效果十分显著，经所在地环保部门监测，均达到国家环保标准，造价也不是太高。目前的主要问题是很多噪声超标的酒吧在设计装修时考虑不足，噪声治理时又难免要破坏一些装饰面层或对原设计风格产生一定的影响，使酒吧业者产生顾虑，倘若把噪声预防做在前面，则造价可能更低，一定会受到酒吧经营者的欢迎，居民也可从根本上免除噪声的危害和影响。

然而，酒吧尤其是迪吧即便是治理达到标准要求，但其低频振动影响是无法根本消除的，对于小部分较敏感的居民而言，由于低频、超低频声波与人体器官频率相近，室内噪声值低于40dB(A)仍有可能影响正常学习休息和睡眠。因此环保部门在酒吧开设地点的环境评价审批上应尽量避免将酒吧放在居民楼下，尤其是高层建筑的底层或楼中，可以从源头上杜绝酒吧噪声扰民案件的产生。

3.2　城市交通噪声

目前，城市交通噪声已经成为影响最广泛的一种环境噪声。汽车、火车、轮船、飞机的运行，发动机运转，都会发出声音，产生噪声，都会对环境产生不良影响。

2002年，曾对全国325个城市进行了调查，全国47个环境保护重点城市中，有3个城市道路交通噪声等效声级超过70dB；2003年，对401个城市进行了道路交通噪声监测，全国47个环境保护重点城市中，有7个城市道路交通噪声等效声级超过70dB。据初步计算，我国有3390万人受到公路交通噪声影响，其中2700万人生活在高于70dB的噪声严重污染的环境中。

城市交通噪声是一种非稳态、不连续的流动声源，影响范围广，时间长，危害程度大。随着社会的发展，经济条件的改善，生活水平的提高，机动车辆迅速增长。从1992年起车流量每年平均以16%的速度增长。因此，必须采取相应的预防措施，改善环境质量。

北京市曾对其城市交通噪声进行了测量与评估。在天安门、德胜门、马甸桥、健翔桥和上清桥五处设置观测点。它们分别代表市中心、二环路、三环路、四环路和五环路交通要道城市交通噪声情况。每次观测时段为两小时，每10min测量40个数据。结果显示：北京市交通要道白天平均噪声水平为75.8dB，超过国家标准5.8dB，超标率为8.2%；夜间平均噪声水平为73.8dB，超过国家标准18.8dB，超标率为34.2%。

3.2.1　城市交通噪声污染的分类

3.2.1.1　城市道路交通噪声

城市道路交通环境污染已成为各国城市发展的共性问题，城市道路交通环境污染主要有大气污染和噪声污染。据测定，汽车在行驶中的噪声为80~90dB，在城市快速道路上高速行驶的车流噪声接近100dB。

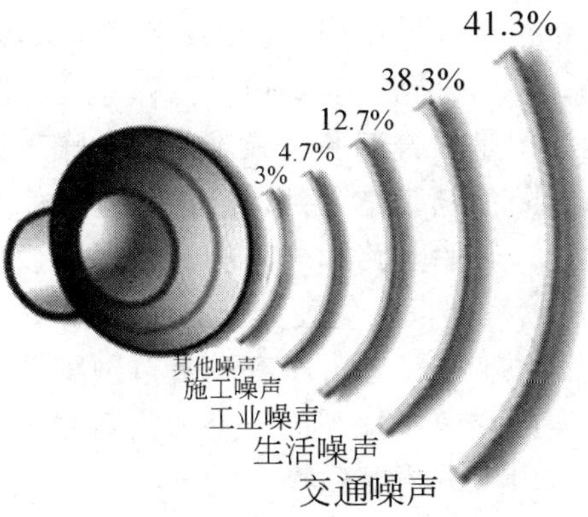

图 3-3　中国某省 2009 年噪声投诉的比例分布图

3.2.1.2　城市轨道交通噪声

随着城市的发展和经济的高速发展，人口日益增多，目前的交通状况已不能满足要求，发展轨道交通已成为人们的共识。我国城市公共交通的发展已进入一个新阶段，轨道交通由于其具有运量大、速度快、乘坐舒适、安全、稳定、占地少及空气污染小等诸多优点，在城市交通建设中独占鳌头。

城市轨道交通地下主要有地铁，地面包括有轨电车、高架轻轨、城市铁路等形式。城市轨道车辆由于在城市中运行，其运行速度较低，一般情况下不允许鸣笛，且新的钢轨一般用焊接长钢轨，所以城市中的轨道交通噪声主要是以下四种：轮轨滚动噪声、牵引电机噪声、齿轮转动噪声及空压机噪声。地铁交通除列车运行噪声外，还有风亭及冷却塔噪声。高架轻轨噪声除轮轨噪声、车体辐射噪声、动车组牵引电机噪声外，还有桥梁结构噪声，与地面轨道交通相比，其噪声辐射面大，影响范围广。

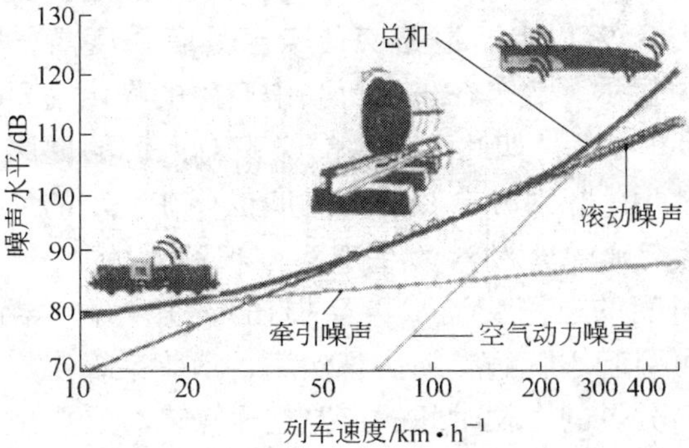

图 3-4　噪声水平与列车速度间的关系

3.2.1.3　城市公路交通噪声

在城市中，城市道路是服务城市内部体系，公路则是联系各城市或各个大型城市组团间的道路公路，城市公路交通噪声是指汽车在公路上行驶时所产生的噪声，交通噪声在现代生活中是很普遍的、最难避免的噪声源，随着人们环保意识的增强，交通噪声污染的防治越来越受到道路设计者和使用者的重视。

汽车在公路上行驶时，轮胎与路面之间的摩擦碰撞、汽车自身零部件的运转（如发动机、排气管等）以及偶发的驾驶员行为（如鸣笛、刹车等）都是产生噪声的原因。交通噪声是宽频带的，即含所有可听范围频带的能量。交通噪声分析应考虑车辆产生最大噪声的交通条件和最干扰公路两侧居民的交通条件，通常选用昼高峰和夜高峰两个时段来分析交通噪声的影响。

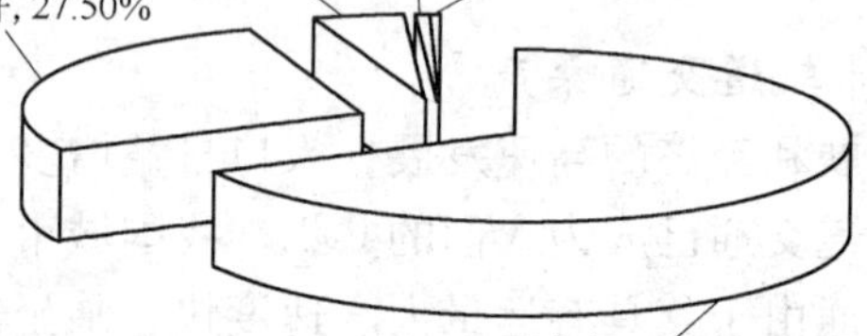

图 3-5　2009 年中国城市道路交通噪声等效分级统计图

3.2.2　道路交通噪声的危害

所谓噪声一般指对人们的正常生活、工作和健康产生不良影响或使人厌烦的声音。而城市道路交通噪声是指机动车在城市道路上行驶所产生的、超过国家城市区域环境标准（白天 70dB(A)，晚间 55dB(A)）的声音，是当今生活中普遍的、很难避免的噪声源。据国内外有关专家调查统计，道路交通噪声是城市环境噪声的主要来源，占 35% 以上。道路交通噪声具有强度高、覆盖面大、影响范围广的特点。有数据显示，汽车在正常行驶中产生的噪声为 80～90dB(A)。高峰时车流噪声接近 100dB(A)。如此高强度的噪声对人们的健康有严重的损害，影响人们正常的工作和生活，对社会经济的发展也存在一定的危害。

3.2.2.1　道路交通噪声对人的生理、心理的影响

高分贝的、长时间的道路交通噪声会损伤人的听力，导致人体循环系统异常，内分泌失调，可引起心脏病、脑血管疾病、消化系统疾病、神经系统疾病等多种疾病。同时，高分贝的、长时间的道路交通噪声容易导致人们心情紧张、情绪变坏，并且严重影响人们的休息和睡眠质量。据研究，在 40～45dB 的噪声刺激下，睡着的人脑电波开始出现觉醒信号，这就是说 40～45dB 的噪声就会干扰

人的正常睡眠：突发性的噪声在40dB时可使10%的人惊醒，60dB则使70%的人惊醒。长此以往，人们就会感到烦躁，注意力不集中，容易疲劳，影响工作质量。

3.2.2.2 道路交通噪声对建筑物的损害

据有关资料显示，道路交通噪声对建筑物有一定的损害作用。当建筑物的固有频率与噪声频率一致时。就会引起共振，使建筑物的结构受到破坏。抗震能力下降，甚至倒塌。

3.2.2.3 道路交通噪声对社会经济的影响

道路交通噪声引起社会成本的增加表现在住宅价格的降低、消除噪声费用的增加、为分派有限的资源重新安排空间使用费用的增加等方面。通过调查发现，外界车辆干扰小，远离城市交通干道的住宅小区每平方米售价要高出交通干道沿线住宅约10%～30%。与此同时，随着人们生活水平的提高，用于改善居住环境的费用越来越高，使得社会成本大大增加。

3.2.2.4 道路交通噪声容易引发交通事故

司机在长时间的噪声环境中开车，容易产生疲劳现象，思维发生紊乱，分散注意力，从而引发交通事故；行人在穿越马路时，如果背景噪声过高，就会影响判断力，也会引发交通事故。

3.2.3 城市交通噪声防治措施

城市交通噪声的防治措施针对交通噪声的声源，传播途径及受声点3个关键环节，有多种措施可降低噪声对受声点的影响。纵观世界各国，为解决道路交通带来的环境问题，目前采取的主要降噪措施有以下几种。

3.2.3.1 针对声源的降噪措施

（1）改进汽车的设计。在我国，提高大功率发动机工作性能，改进汽车的整体设计，降低工作噪声，这一系列问题越来越受到政府和汽车生产厂商的重视。

（2）加强交通管理。对噪声严重超标的车辆应限期治理，车辆的年检应增加噪声检测项目。严格执行国家《汽车报废标准》（国经贸经［1997］456号）。对达不到要求的车辆，应报废的必须报废，不得沿用，加快旧车淘汰。

出台汽车噪声年检地方规定，对老旧型车辆严格噪声年检手续。长期坚持治理车辆超载的工作，在妨碍居民的正常生活地段和时段对机动车进行限速、限时和限载。

运用交通管制措施禁止鸣笛，某时段内禁止大型车辆在敏感路段通行；调整交通信号，使交通流顺畅，继而使车辆无需经常停顿和启动。以上交通管制手段对城市道路的降噪效果较为明显，也易于采用，但这些措施不易于野外公路，以免明显降低车辆速度和道路使用的方便性，而影响野外公路的使用。

（3）优化道路设计：

1）在道路设计中减小城市道路的坡度。

对于汽车行驶来说，道路坡度的改变会使得汽车发动机等采取相应应对措施，从而产生一定程度的噪声，道路优化设计应尽量保持城市道路水平，减小坡度，既是节能，也能达到降低噪声的目的。

2）修建低噪声路面，减小轮胎与路面接触噪声。

对于中小型汽车，随着行驶速度的提高，轮胎噪声在汽车产生的噪声中的比例越来越大，一般说来，当车速超过50km/h时，轮胎与路面接触产生的噪声，就成为交通噪声的主要组成部分。因此，直接修建低噪声路面就很有意义。所谓低噪声路面，也称多孔隙沥青路面，又称为透水（或排水）沥青路面。它是在普通的沥青路面或水泥混凝土路面或其他路面结构层上，铺筑一层具有很高孔隙率的沥青稳定碎石混合料，其孔隙率通常在15%～25%，有的甚至高达30%。根据表面层厚度、使用时间、使用条件及养护状况的不同，与普通的沥青混凝土路面相比，此种路面可降低道路噪声3～8dB(A)。

3.2.3.2 针对噪声传播途径的降噪措施

在公路与受声点之间设置声屏障，可有效降低受声点的噪声声压级。声屏障是一个降低公路噪声的重要设施，也是道路设计者经常采用的降噪措施，对距公路200m范围内的受声点有非常好的降噪效果。声屏障是一个明显干涉声波传播的阻挡物，它可以阻挡声的传播而形成一个声影区，其降噪效果随声程路程差的增大而增加。

广义来讲，声屏障可以分为声障墙和防噪堤，防噪堤一般用于路堑或有挖方地区，公路的土方不必运走直接用作防噪堤，在土堤上种上植被形成景观。声屏障的另一种方式为声障墙，声障墙可分为吸声式和反射式两种，吸声式主要采用多孔吸声材料来降低噪声，反射式声障墙主要是对噪声声波的传播进行漫反射，降低保护区域噪声。

公路声屏障从构成材质上又可分为土堤、木质、钢筋混凝土、金属、吸声材料的混合物等几类。对一般公路而言，许多国家从投资少及易维护方面考虑多用普通混凝土和轻质混凝土建造声屏障。

在可能的情况下，提倡在声屏障内、前与后面种植各类植物。将声屏障设计成可栽种花草的形式，使声屏障四季常青，既减少噪声污染又可以美化环境。

声屏障的优点是节约土地，降噪比较明显。由于可采用拼装式，故有可拆换的优点。但也存在一定局限性，如声屏障使行车有压抑及单调的感觉，造价较高，若使用透明材料，又易发生眩目和反光现象，同时还需要经常清洗。

许多国家在声屏障建造中，除要求满足声学要求外，还特别注重屏障的造型与色彩设计。目前在许多国家已有各式各样新颖美观的声屏障屹立于公路两侧，深受各方人士欢迎。

一些发达国家20世纪60年代就开始研究公路声屏障技术，到70、80年代已在声屏障的设计和施工方面进行了深入研究和大量实践，积累了丰富的经验。在1983年的统计资料显示日本城市中高速公路声屏障设置率高达80%。到1986年美国已修建公路声屏障约720km，投入约3亿美元，还设计了“公路声屏障专家设计优化系统”，进一步提高了公路声屏障的设计水平。

德国早在1974年就颁布了污染防治法，要求在公路选线时，极力避免周围环境产生有害影响。如找不到更有利的公路路线，则要修建声屏障，将公路与住宅区隔开。

我国大城市已经较普遍地在居民区和办公楼旁的高架道路两边设置声屏障。

3.2.3.3 针对噪声受声点的降噪措施

增加城市绿化面积，降低噪声污染度，可使城市居民远离交通噪声；在道路两侧修建斜坡，加宽沿街住宅的绿化带，并利用有限地带开发立体绿化，增加植被面积，可充分发挥绿色植物在降噪和净化空气污染物中的作用。

在城市道路两侧有条件的地带可栽多排树木，特别是有较好隔声、降噪效果的泡桐、水杉、龙柏、槐树等。这是发达国家首选的降噪声的方法之一。因为绿化降噪具有降噪效果显著、净化空气、降低道路表面温度、节水、减小风沙的作用和降噪成本低等优点。市内城区应加大绿化的密度，加快老树的更新换代，加强对道路两旁树木的管理，注重新城区的道路绿化工作。

在公路受声点之间种植绿化林带，可有效降噪。有关资料表明，非常稠密的树林，且树林高度高过视线4.5m以上时，树林深入30m可降噪5dB，如树林深入60m可降噪10dB，树林的最大降噪值是10dB。种植林带除具有降噪作用外，还兼有绿化美化环境的功能，但会大幅度提高公路用地范围。当公路经过荒山丘陵地区时，可使用该方法，但由于我国耕地紧张，所以当公路途经耕地时，该措施具有明显的局限性。

增大公路与受声点之间的距离。在公路选线时，应充分考虑公路交通噪声污染问题，尤其对《公路建设项目环境影响评价规范》（JTGB 03—2006）中规定执行《城市区域环境噪声标准》（GB 3096—2008）中2类标准的学校教师、医院病房、疗养院住房和特殊宾馆等噪声敏感点，应先估算其噪声声级，如通过设置声屏障无法解决噪声污染问题，就需考虑调整线位，增大线位与敏感点之间的距离，降低敏感点的噪声声级。

合理布置临街建筑物，可采用设置吸声墙面、隔声门、窗，实行立体绿化；住宅密集地区的地段要采用特殊的降噪声建设结构和材料；使临街建筑物为商店、楼亭等，尽可能减少交通噪声对居民的影响。

3.2.3.4 针对城市轨道交通噪声的降噪措施

城市轨道交通的噪声防治是一项综合性的系统工程，主要应从声源降噪和传播途径降噪两方面考虑，特殊情况下对受声点加以防护。噪声防治应从降低噪声源开始，尽可能降低列车动力系统噪声。首先从车辆构造设计上加强防震、吸声措施，采用阻尼车轮及盘式制动，车辆踏面整修和车辆两侧架设防护声群等。其次，在轨道及桥梁结构上采取减振降噪措施，如用超长无缝钢轨代替标准钢轨，减少车轮对钢轨的撞击引起的噪声和振动，可降噪23dB；在承台上设置弹性聚合物砂浆垫层和配有弹性扣件的整体道床，以利吸收振动波，该整体道床与普通整体道床相比可减振降噪10dB；定期打磨钢轨，增加钢轨的平顺度，降低车轮与钢轨的摩擦、冲击、不均匀磨耗引起的轮轨振动与噪声，可降噪35dB。

3.3 城市建筑施工噪声

3.3.1 建筑施工噪声污染现状

建筑施工噪声是指在建筑施工过程中产生的干扰四周生活环境的声音，其特点是：噪声声源相对稳定，施工作业时间不稳定，所产生的噪声时间有较大的波动性。

在城市中，建设公用设施如地下铁道、高速公路、桥梁，敷设地下管道和电缆等，以及从事工业与民用建筑的施工现场，都大量使用各种不同性能的动力机械，使原来比较安静的环境成为噪声污染严重的场所。某些施工现场临近居住建筑群，给居民的生活造成很大的干扰。

随着城市扩张，大学校园扩张，住房建设用地的扩张，以及各种道路的建设，城市建筑噪声的扰民现象日益严重，近年来公众对城市建筑噪声的投诉率居高不下。

以安徽某县为例，2003年凤阳县环境保护局共收到各类投诉165件，其中，涉及建筑噪声污染的48件，占29%，建筑噪声扰民已成为该县环境保护的热点问题。在城区几处敏感区域的施工场地施工4个月后，环保部门对23名居民的调查表明：在持续的噪声污染下，出现疲倦无力、心烦、情绪不安、易发怒或注意力无法集中等心理症状的有85.65%；出现耳鸣、失眠、记忆力减退等神经衰弱症状的有60.3%；在从事家务或写作时感到“差错”增多者有35.6%。此外，有2家工地周围居民对施工出现过激行为，一些居民由于无法忍受建筑噪声污染而向施工工地投掷酒瓶、垃圾、污水等。所以，噪声扰民问题也是引发社会不稳定的因素之一。

建筑施工噪声来源于施工机械作业时发出的响声，如打桩机、柴油发电机、挖土机、搅拌机、振动器、电锯、电钻等，最高声源可达145dB（距声源5m处），这些机械噪声到达施工场界时（距离以50m计），噪声的声压级仅衰减1/3

左右。来宾市环境保护监测站对建筑施工场界噪声监测结果表明：一般在建筑施工场地土石方阶段（作业期间，以下同）场界噪声可达 80dB，基础阶段（指机械打桩）可达 90dB，结构阶段可达 75dB，均超过 GB 12523—90《建筑施工场界噪声限值》中规定的相应标准限值，夜间噪声超标幅度则更大。有时，建筑施工单位为了抢工期，往往日夜施工，低频的振动声、间断的撞击声、刺耳的锯木声等使周围居民无法入睡，身心健康遭到极大的损害。

图 3-6　扰民的建筑施工噪声

3.3.2　建筑施工噪声对人体健康的影响

城市建筑噪声污染是指在建筑施工过程中产生的噪声超过国家规定的噪声排放标准，并且对周边居民的工作、生活和学习产生影响的现象。城市建筑噪声有其客观和不可避免的一面。城市要发展就必须进行建设，要建设就必须进行施工，进行施工就必然会产生噪声，所以建筑噪声是不可避免的。它具有声源距离被污染群体近，污染明显，扰民直接，短时间危害大，污染点源多，影响面宽的特点。在建筑施工过程中产生的振动及尖锐刺耳的声音会造成人们心情烦闷，工作和学习无法专心，会影响人们的休息和睡眠。如果长时间受到强噪声的刺激，会造成神经衰弱，失眠多梦，血压升高，视力听力下降，注意力不集中等症状。

3.3.3　建筑施工噪声扰民的原因

3.3.3.1　客观因素

（1）建筑现场位于居民区中。城区面积小，城区内建筑物较拥挤，无绿色缓冲位置，城区人口密度大，各种因素作用使得城市改造与楼房建筑多数是在人口稠密区内进行，有的施工场地与住户仅一墙之隔，极易造成噪声扰民，且如果新建的建筑物大多为中层建筑，施工期多为半年左右，居民受施工噪声污染的时间长。

（2）施工机械设备简易、陈旧。一些建筑单位受经济因素制约，使用的施工设备陈旧或质量低劣，施工时噪声严重超标。在各类施工工地中，除部分高层建筑使用的施工设备较多外，其他施工工地使用的设备类型大致相同，如搅拌机、升降机、塔吊、振捣棒、钢筋切割机、夹断机、电锯及工地运输车辆等。同样功率的搅拌机，因其质量差异，在不同工地的设备声源相差可达5～8dB(A)，钢筋切割机和夹断机相差可达10dB(A)以上，而使用轮盘锯处理木料，施工场界至少有一个点位在79dB(A)以上，最高可达90dB(A)，所以施工设备的更新换代势在必行。

（3）建筑噪声的特性决定其治理难度大。建筑噪声的特点如下：1）噪声源常常在露天，不易被掩盖；2）噪声扩散途径不易被阻断，易于传播；3）施工作业时间不稳定，产生噪声时断时续；4）噪声源的性能、强度、种类变化的范围很大。因此，建筑噪声治理难度大。

建筑施工噪声，这几年反映比较强烈。主要是控制夜间施工，除非工艺必需的，建设部门一般不批准夜间施工。但由于城市建设需要，工程需要，很难保证附近住宅的安静环境。

3.3.3.2 主观因素

（1）施工机械设备安置不合理。部分施工单位缺乏环保意识，致使施工机械设备布局欠合理，许多施工工地只为自己施工方便或追求设备美观摆放，而将一些高噪声设备放在场界边上，如在居民阳台下放置电锯、钢筋切割机、搅拌机等，或把居民楼周围仅有的一点水泥地坪用作制水泥梁的场地，将居民住宅楼周围变成预制场。在此敏感点测量所得噪场值几乎就是设备声源噪声值，使施工场界噪声严重超标。

（2）缺少必要的降噪声手段。很多施工单位未采取降噪措施，一些施工单位将卷扬机、电锯、切割机等产生较大噪声设备露天安置，操作时任由刺耳的噪声随处传播，严重影响了周围居民的正常生活。

（3）夜间施工。一些施工单位为了抢进度、争利益，夜间施工的现象较为普遍，虽然法律法规有明确规定要求，但有些施工单位还是违反规定夜间施工，施工噪声严重超标。

（4）内部协调欠佳，步调不统一。建设项目审批、环评、现场环境监理分属不同科室，没有做到交流、协调，造成“现场管理的不知道审批的”错位现象。

（5）执法不严。按照《噪声法》第29条规定：“在城市市区范围内，建筑过程中使用机械设备，可能产生环境噪声污染的，施工单位必须在工程开工15日以前，向工程所在地县级以上人民政府环境保护行政主管部门申报该工程的项目名称、施工场所、期限和可能产生的环境噪声值以及所采取的环境噪声污染防治措施情况”，但主动申报的施工项目很少。

（6）处罚与收费不到位。建筑工地的业主、开发商或施工方社会背景复杂，环保部门在依法行政上存在较大压力，造成对违法者处罚与收费不到位，致使施工单位自我约束、文明施工差，在经济利益驱使下，屡次犯规者不在少数。

3.3.4 建筑施工噪声的治理

针对建筑施工噪声产生的原因，一般在工地可以采取以下方法对其进行治理：

（1）将搅拌机、空气压缩机、木工机具等噪声大的机械，尽可能安排在远离居民区的一侧，合理布局。

（2）施工时严禁敲打料斗、钢筋，防止人为产生噪声。

（3）打桩施工时不得随意敲打钻杆，施工噪声控制在85dB以下，且尽量安排在白天施工。

（4）机械剔凿作业使用低噪声的破碎炮和风镐等剔凿机械。夜间(22：00 ~ 6：00)、午休(12：00 ~ 14：00)不得进行剔凿作业。

（5）承担夜间材料运输的车辆，进入施工现场严禁鸣笛，装卸材料应做到轻拿轻放。

（6）对混凝土输送泵、振捣棒、木工棚、电锯、钢筋加工等强噪声设备，应设置隔声棚遮挡，实行封闭式隔声处理。

（7）现场混凝土振捣采用低噪声振捣棒，振捣混凝土时，不得振钢筋和模板。

（8）进行夜间施工作业的模板、脚手架支搭、拆除搬运时必须轻拿轻放。

（9）根据噪声防治需要，将外脚手架挂满密目安全网。

（10）施工现场界内应设置噪声监控点，进行噪声监测，施工噪声一旦超标要及时控制。

3.4 家用电器噪声

洗衣机、空调器、电风扇、电脑等家用电器不可避免地会产生一定的噪声；不正常地使用电视机、录音机等，也会加剧噪声污染。同时开启几种家用电器，其汇集噪声的危害程度不亚于商业繁华区的噪声污染。长时间生活在这样的环境里，严重有损人们的健康，尤其对婴幼儿、老人和孕妇以及神经衰弱、心脏病、高血压、胃肠功能紊乱等疾病的患者危害更大。

图 3-7　家用电器噪声

“开空调吵得睡不着，不开空调热得睡不着。”近日，市民罗小姐受空调噪声骚扰，接连两个晚上失眠。而王先生的洗衣机一动就“哮喘”，吓得不到一岁的儿子哇哇叫……家有噪声家电让人烦，可踢两脚、垫一垫还治不了它们，通常人们都忍了，殊不知，长期生活在高分贝的噪声环境中，人的神经系统、消化系统和内分泌系统功能都会受到不同程度的损害。其实，要根治噪声家电并不难，关键是对症下药。

案例 1：空调外机深夜“吼”

张先生年初搬进新房，本来乔迁新居算得上喜事，可还未住满一年，张先生就想搬回原来的旧房，原来隔壁邻居每次使用空调时，室外机发出的噪声特别大，即使关上门窗，轰鸣声仍然很大，特别是夜深人静时，这种持续的声音让张先生坐立不安，几次都想冲出去把那台空调外机给砸了。虽然跟邻居和物管沟通多次，却仍然不能妥善解决这个问题。

清噪处方：空调新机上标明的噪声值只是实验室数据，并不等同于使用时的噪声值，空调使用过程中声音的大小，跟安装的好坏及使用年限有关。专家建议张先生跟邻居协商，找一个空调专业售后人员上门检测，如果是因为空调安装、换气口有遮挡物或零部件引起的噪声增大，可以通过重新安装或者维修解决，如果是因为空调使用年限较长导致功能老化，则只能通过淘汰来解决。

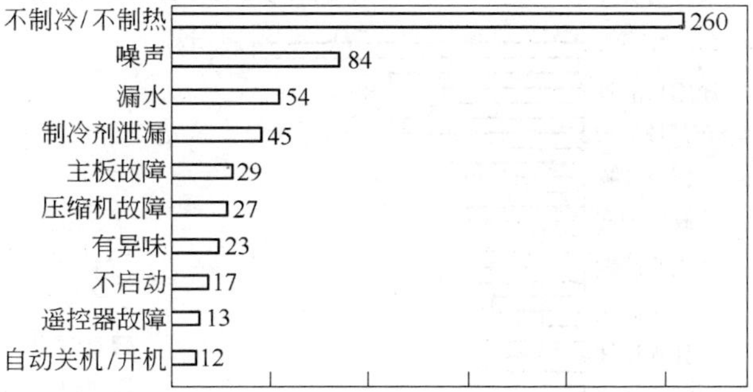

图 3-8　2010 年空调行业质量投诉前十大问题
（数据来源于百姓家电网）

案例 2：洗衣机脱水就“哮喘”

王先生家的波轮洗衣机是 2006 年国庆前买的，用了几年也没出什么问题，但最近王先生感觉，这台洗衣机脱水时的声音有点大。洗衣机放在他家厨房旁的生活阳台上，阳台和书房之间隔着厨房和客厅，但每次洗衣服到脱水环节时，王先生在书房都能听到洗衣机发出的轰轰声，吓得不到一岁的儿子哇哇叫，刚开始几次，他还以为是出什么问题了，跑过去一看，才发现是洗衣机内筒高速飞转时发出的声音。

清噪处方：抛开产品质量因素，一些安装和使用中的问题也有可能造成洗衣机噪声过大，比如洗衣机安装不平、皮带过紧、波轮变形与洗衣桶底摩擦、传动轴上的密封圈过紧、某部位的紧固件松动等，专家建议王先生联系厂家售后人员上门做一次检查和调试。

案例 3：冰箱半夜“呢喃”

张女士家购买的某品牌冰箱，前三年使用中都是“安安静静的”，但三年过后没多久，冰箱工作时的声音突然变大，特别是晚上，冰箱压缩机启动时发出的声音特别大，有时吵得张女士无法入睡，被逼无奈时，张女士只能给冰箱断电，可第二天起来，冰箱里的食品都变质了。

清噪处方：如果冰箱还能正常制冷，那就说明压缩机没有坏，可以将冰箱垫高 3 ~ 6cm 并调整四角平衡，使箱体底部空气对流空间增大。这样，压缩机噪声和下部其他噪声从箱体底部出来，可以减少从两侧及上部出来。但如果噪声大到不能忍受，估计可能是压缩机内部部件产生不正常的位移或磨损，需要专业人士上门进行检测判断。

3.4.1　一般家用电器噪声的标准值

家用电器是每个家庭必备的生活器件，但是因为种种原因家电产生的噪声影

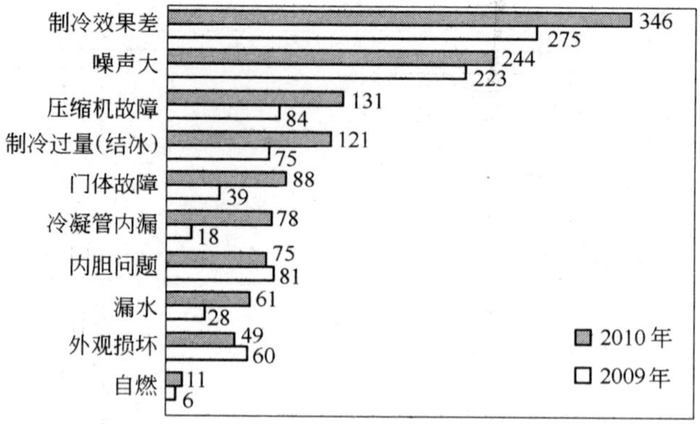

图 3-9　2010 年冰箱行业质量问题投诉分析
（数据来源于电子投诉网）

响了人们的生活。家电在使用过程中，由于工作机构、制造材料、制造工艺以及使用寿命等因素，在一定程度上会对家庭环境和使用者造成噪声污染。电视机、日光灯镇流器有的产生较强的交流声；电冰箱的压缩机、空调器的室外机、抽油烟机、电磁炉、微波炉运行时可能发出较大噪声都会危害人体健康，大功率音响调到大音量带来的失真可直接损伤听力，影响儿童的智力和身体发育。

国家对器具类家用电器的噪声是有严格规定的。国标 GB 4214—84 即是为家用电器噪声制订的专项标准。具体到各类产品中也多以此标准作为依据，进行各种电器产品噪声值的测量和标定。

3.4.1.1　电冰箱

电冰箱噪声限值见表 3-1。

表 3-1　电冰箱噪声限值（声功率级）

容　积	直冷式电冰箱	风冷式电冰箱	冷　柜
≤250	45	47	47
>250	48	52	55

3.4.1.2　空调器

空调器的噪声限值见表 3-2。

表 3-2　空调器噪声限值（声压级）

额定制冷量/kW	室内噪声/dB(A)		室外噪声/dB(A)	
	整体式	分体式	整体式	分体式
<2.5	52	40	57	52
2.5～4.5	55	45	60	55
>4.5～7.1	60	52	65	60
>7.1～14	—	55	—	65
>14～28	—	63	—	68

3.4.1.3 洗衣机

洗衣机的洗涤噪声限定值为：62dB（A 计权）（声功率级）；

洗衣机的脱水噪声限定值为：72dB（A 计权）（声功率级）。

3.4.1.4 微波炉

微波炉的噪声限值为：68dB(A)（声功率级）。

3.4.1.5 吸油烟机

吸油烟机噪声限值见表 3-3。

表 3-3 吸油烟机噪声限值（声功率级）

风量/$m^3 \cdot min^{-1}$	噪声/dB	风量/$m^3 \cdot min^{-1}$	噪声/dB
≥7～10	71	≥12	73
≥10～12	72		

3.4.1.6 电风扇

电风扇噪声限值见表 3-4。

表 3-4 电风扇噪声限值（声功率级）

台扇、壁扇、台地扇、落地扇		吊扇	
规格/mm	噪声/dB(A)	规格/mm	噪声/dB(A)
≤200	59	≤900	62
>200～250	61	>900～1050	65
>250～300	63	>1050～1200	67
>300～350	65	>1200～1400	70
>350～400	67	>1400～1500	72
>400～500	70	>1500～1800	75
>500～600	73		

3.4.2 家用电器噪声危害

一提起噪声危害，受谴责的往往总是工业噪声，交通噪声，而对于室内的家电噪声，人们却采取听之任之的宽容态度。殊不知家电噪声比起交通噪声和工业噪声来，同样是毫不逊色的“无形杀手”。

在家电噪声中，危害最强的要数收录音机和组合音响，它们的高频噪声一般都超过 2000Hz。这种高噪声对内耳的损伤极大，人耳连续接触 6h 以上，就有造成听力损伤的危险。而且这种强噪声还严重危及人的视力。研究证明，在强噪声刺激后，人的视力清晰度要恢复到正常的状态，通常要 1～2h。

看一看各种家电的噪声程度，就知道它们都不可轻视：洗衣机马达的噪声可达70dB，窗式空调的噪声通常为65dB，吸尘器的噪声一般在75dB左右。冰箱发出的低频噪声由于跟人的心跳频率接近，因而更容易引起心血管病变，老年人尤其容易受到它的损害。

3.4.3　降噪方法

家用电器的噪声是不容忽视的，它对人体健康有害。据有关人士测定，大音量的电视机、收录音机及音响可达60～80dB，电风扇的工作噪声在40～60dB，电冰箱可达40～50dB，洗衣机40～70dB。如果几种家用电器同时使用，噪声值会叠加的。

对于家庭使用电器，一般可采取以下措施降低其噪声：

（1）不宜把噪声大的电器放在卧室内或客厅里。

（2）不宜使室内墙壁过分光滑，可以挂些图片、条幅、字画等，既使房间美观典雅，又增加了吸音物质，减少了室内回声。

（3）选用木质家具，木材纤维多孔，能吸收噪声。

（4）室内放些盆花，不仅可以观赏，使室内充满生气，还能起到调节小气候、减弱噪声的作用。

（5）收听收录音机、看电视节目，音响不宜过高，既节约电能，声音又悦耳动听，噪声和共鸣也较小。

（6）如果室内光线、色彩过分明亮刺目，也会增加人对噪声的敏感度。

以下以冰箱、空调、洗衣机和电风扇为例，具体说明常用家用电器的一些降噪方法。

3.4.3.1　冰箱降噪方法

（1）背面与墙面成一定的倾角。使冰箱的背面与墙面成一定的倾角，背面与墙面成1°～3°倾角以后，冰箱的一侧开口大，一侧开口小，呈现喇叭状。大的一侧放出的噪声多，应面对物体；小的一侧噪声出来少，应面对人的活动区。

管路与箱体加固牢靠，要检查调整外管路与箱体之间连接加固部分是否松动，从而避免压缩机工作时产生共振。所以，外管路一定要固定好，螺栓要加弹簧垫圈，以防松动。

（2）压缩机底座要上牢固。如果用手紧按压缩机后，噪声明显降低，将手抬起噪声又增大，一般是压缩机底座固定减振胶垫受力不均或螺栓松动、压缩机底板不牢固造成，应调整、拧紧连接部分螺栓和更换失去弹力的垫圈。

电冰箱压缩机运转时，用手摸管子，凡有抖动感觉的管子，用橡皮块抑制管子振动。这是因为橡皮块抑制了管子振动所产生的“共鸣”。可取废自行车外胎，剪成直径为30mm的圆形状，中间剪出直径5mm左右的圆孔，再从外边到中心剪一下，以便把橡皮块套到管子上，一台冰箱需套10～20个。

（3）适当垫高冰箱的四个角。将冰箱垫高3～6cm并调整四角平衡，使箱体底部空气对流空间增大。这样，压缩机噪声和下部其他噪声从箱体底部出来，减少了从冰箱两侧及上部出来的噪声。

3.4.3.2 空调降噪方法

（1）优先选用低噪声的空调通风设备。空调通风设备是空调系统的主要噪声源。在设计和使用中应优先选用低噪声空调通风设备，这是降低噪声最经济有效的办法。设计人员在选用风机等设备时，不仅应了解风机的风量、风压、功率等性能指标，还应详细了解风机的转速、声压级等声学指标，以便在设计中予以考虑。另外，风机等设备在低功率下工作时的噪声要远比在额定功率范围内工作时的噪声大，因此应当使风机尽可能地在额定功率范围内运行。

（2）优化设计方案。在空调系统的设计阶段，严格精确地计算风量和风压。风压的充裕量不能预留很多，否则不仅不节能，反而使噪声增大。同时尽量避免直角弯头和半径很小的弯头，必要时可以设置消声弯头。风管长度不宜过长，否则钢板振动容易产生噪声；相反也不能太短，否则成为噪声的传递媒介。安装过程中加装减振垫。对于调试中发现的噪声过大的设备要及时采用隔音罩。

（3）设置消声器。消声器的安装位置根据具体情况确定：可直接安装在通风机的进、出口，以降低通风机噪声；可安装在通风管道上，以降低通风机和管道上游的气流再生噪声，也可在机房或空调房间的进、出风口安装风口消声器，以消除系统的噪声对环境或空调房间的干扰。

3.4.3.3 洗衣机降噪方法

半自动洗衣机，甩干桶内衣服太少或没放平，在甩动的过程中失重，发出很大的声响。重新放置适量衣物，并尽量码放平均，再甩干。

全自动洗衣机，洗衣桶内衣服过多，地面不平，在甩动的过程中机体晃动，发出很大的声响。减少衣物放置量，调节洗衣机底角，调节螺钉高度，至机身平稳不再发出噪声，再使用甩干。

除此之外，还有以下措施可以实施。

（1）胶皮防振法。有的洗衣机噪声较大，其原因之一，是由于机壳铁皮产生振动所造成，尤其是前箱板，噪声更大。如果在前箱板的内侧贴上两块胶皮或泡沫塑料，噪声就会明显减小，方法如下：用汽车的废内胎，剪两块400mm×150mm大小的胶皮，擦干净表面，涂上万能胶，把洗衣机放平后，将胶皮贴在内侧，用沙袋或其他有平面的重物压住，过24h，胶皮粘牢后即可使用，如用泡沫塑料代替胶皮，效果更好。

（2）换件法。波轮式洗衣机使用久了，噪声会越来越大，主要来自波轮盘与空心轴套之间。波轮盘与空心轴套之间加有一个2.5～3mm厚的黄铜圈，磨损量增大后，就会再现较大的噪声。修理时，将洗衣机翻转过来，拔下大皮带轮的销子（有的用螺丝固定），拆下大皮带轮，再从洗衣桶内取出波轮盘，就可看到在空心轴套顶部的黄铜垫圈。将垫圈取出，翻一面，已使用的一面向下放回原处，再装上波轮盘、大皮带轮，就可通电试机了。

3.4.3.4　电风扇降噪方法

用久了的电风扇容易出现“吱吱”的噪声，影响日常的生活。那么，电风扇是哪里出现这种吱吱声呢？我们应该如何消除这种烦人的噪声。

一般来说，电风扇用久了就会产生这种噪声，主要是电风扇轴承缺油所致。因此我们应该为电风扇加油。首先应该清理好电风扇的灰尘，因为有时候并不是电风扇的问题，而是积尘太多而产生的噪声。因此，断开电源，打开盖子，取下风扇。将风扇的扇叶、电机部分清洁干净。再打开轴承，把轴承内外擦一下，加上机油即可。

电风扇发出噪声的另一个比较常见的原因是风扇的扇叶出现问题，例如变形、损坏等。发热变形，触及内壁，发出噪声。可用刀片，在划痕处轻轻地刮几下，意在增加扇叶与内壁之间的距离。但是更换一个符合规格的扇叶比较安全。

除此之外，电风扇出现这种声音可能说明轴承、电机出现问题了。可以更换符合规格的轴承、电机直接消除噪声。

3.4.3.5　微波炉降噪方法

微波炉使用中会发出“嗡嗡”的声音，此时可以用手按压炉身两侧和后面风扇位置，如果噪声小了，那就是外壳组装有问题，可以把螺丝卸下来，再装。如果是风扇的噪声就把风扇螺丝卸下来，再装。如果以上问题都没有那就是变压器的问题了。

还有一个方法，在微波炉工作的时候把它抱起来看看还有没有噪声，如果没有噪声了，就在微波炉下面放一个垫子。

3.4.3.6　吸油烟机降噪方法

由于抽油烟机长时间的使用，油烟机里的风轮会积满油垢，这些油垢会导致风轮不平衡，转速不稳，就会有噪声了，解决的方法是清洗一下油烟机。

如果油烟机的风轮长时间的使用，老化变形，也会造成不平衡，这个会产生很大的噪声，解决的方法只能更换一个新的风轮了，可以找专业的油烟机清洗维修的公司来更换。

另外可能是由于油烟机清洗的时候没有安装好，造成风轮和油烟机接触，也会有噪声，好好检查一下。

第4章　电磁辐射的由来

人类对于电现象的认知从遥远的古代就已经开始了。我国古代著名作品《论衡·乱龙》中就有“顿牟掇芥、磁石引针”的记载。顿牟指的就是琥珀；掇即是引取、拾取的意思；芥指轻而小的物体。1600 年英国医生吉伯提出了“电”这个神秘的名词，但它的谜底并没有被揭晓。直到 1785 年，法国物理学家库仑才利用扭秤实验首次定量地测定了相距一定距离的两个点电荷之间的作用力，为静电学的发展奠定了基础。随着生产力的发展，科学也在不断地向前迈进。继库仑之后，安培、欧姆、法拉第等人相继发现并建立了电与磁之间的联系。欧姆定律、电磁感应定律，为以后电工学的发展提供了理论根据。从而电能才开始普遍地为人类所掌握和利用。到 19 世纪末，麦克斯韦在前人工作的基础上，用数学形式统一了电场与磁场的关系，称为“古典电磁场理论”。这为以后的无线电波蓬勃发展打下了坚实的基础。

随着现代科学技术的高速发展，高压输变电线路、无线电波、计算机网络、移动电话、视听设备和微波加热设备等为人们的工作和生活带来了极大的便利，但与此同时，一种新型的污染源——电磁辐射也随之悄然向人们袭来。电磁辐射虽然看不见、摸不着，但对人类的健康、生产和生活可能会或正在产生巨大的影响。为了更好地论述电磁辐射的一些特性以及相应的控制与治理技术，首先对电磁方面的几个基本物理概念作些必要的介绍。

图 4-1　日常生活中的电磁辐射

4.1 静电场

电场是一种特殊物质，它有哪些物质性表现呢？

（1）电场是客观存在的，它和物质一样也占有空间。处于电场内的电荷会受到力的作用，这证明了电场是一种客观存在的物质。

（2）电场是可以运动的，运动是物质存在的形式，电场与磁场相互变化就形成了电磁场，电磁场的传播速度为光速 $C = 3 \times 10^8 \text{m/s}$。电场还具有质量，也具有动量。质量、动量也是物质固有的属性，从而验证了电场的物质性。

（3）电场还具有能量，能量的大小和电场的强弱有关，当电场强度为 E 时，其电场能量体密度为 $\omega = \dfrac{\varepsilon E^2}{8\pi}$（$\varepsilon$ 为介电常数），能量也是物质所固有的属性。

综上所述，电场确实具有物质所具有的一些属性，因此电场是一种特殊的物质。当然，所谓特殊物质总有特殊的性质，它和由分子、原子所组成的物质还是有些区别的，比如分子、原子所占据的某一特定空间，其他分子、原子就不能再去占领；而某电场占据某空间后，其他电场还可以加入进来，形成电场的叠加，两个或两个以上的电场可以同时占据某一空间。

静止电荷所形成的电场叫静电场，静电场是静电学的主要研究内容。描述电场的主要物理量是电场强度和电势，下面分别予以简要介绍。

4.1.1 电场强度

所有的物体都是由大量独立带正电、负电或中性电的微小粒子组成的。所有的粒子都是不断运动的，并且在周围包围着以一定速度传播的电磁场。所以，从本质上说，带电粒子及其电磁场是物质的一种特殊形态。电荷的周围存在一种特殊的物质叫电场。两个电荷之间的相互作用并不是电荷之间的直接作用，而是一个电荷的电场对加一个电荷所发生的作用，也就是说在电荷周围的空间里，总是有电力在发生作用。因此，电场这个概念可以简单定义为：有电力作用存在的空

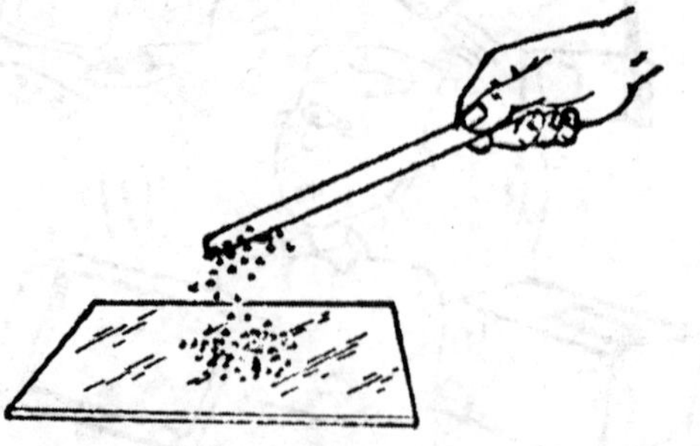

图 4-2　绸子摩擦后的塑料棒吸小纸屑实验

间。如用绸子摩擦塑料棒，它就会带电，可以吸起小纸屑。

设有一个静止电荷 Q，在其周围存在着一个电场。为了描述场中各点电场的强弱和方向，设想将一个检验电荷放在电场中，利用检验电荷在场中各点受力的大小和方向来决定该点电场的强弱和方向。设检验电荷所带电荷为 q，并作以下两点假设：第一，携带 q 的物体很小，把它放到电场中时只占据非常小的空间，可以认为是一个点。第二，q 所带的电量也非常小，当把它放在电场中时，不改变该电场的性质。满足这两个条件的检验电荷 q 才能够真正地实现测定场中各点电场的强弱和方向。

电场强度是从力的角度去描述电场性质的物理量。如果取一单位正电荷作为检验电荷放在电场中的某固定点，则检验电荷所受力 F 的大小就代表电场强度 E 的大小，力的方向就代表电场强度的方向。所以，电场中某点的电场强度 E 在数值上等于单位正电荷在该点所受的力 F，方向就是单位正电荷受力的方向。

电场强度的定义式为：

$$E = \frac{F}{q}$$

电场强度完全是属于电场的，它由形成电场的电荷 Q 所决定，而与检验电荷 q 无关。电场强度的大小和方向，不因检验电荷的引入有任何改变。只要 Q 不变，电场中各点的电场强度就不会改变。因此电场强度是反映电场性质的重要物理量，也是静电场中一个最基本、最重要的概念。

4.1.2 电势

电场强度是从力的方面来描述电场性质的重要物理量，下面所要讨论的电势则是从功、能关系方面描述电场性质的另一个重要物理量——电势。

在电场中的某固定点放有电荷时，该电荷就具有电势能。同一电荷在电场中的不同点，其电势能也不相同。这说明电场中的各点，由于位置不同，电势可能有不同的数值。而对于电场中的同一点，尽管由于电荷电量的不同而有不同的电势能，其电势能与其电量的比值却是不变的，即：

$$U = \frac{W}{q}$$

式中，U 为电势（或称电位）；W 为电势能。电势是反映电场性质的物理量，它是属于电场中某一点的物理量，而不是属于电场中电荷的。电场中某点的电势，在数值上等于单位正电荷在该点的电势能，电势是标量，它有大小和正负之分，但没有方向。另外，电势的大小是相对的，它和电势零点的选择有关。在进行理论研究时，经常选取距离产生电场的电荷为无限远的点电势为零。由上式可以很清楚地得出，正电荷所形成的电场中各点，其电势都是正值。负电荷所产生的电场中各点，其电势都是负值。在生产、科学研究和日常生活中经常使用所谓“地线”和仪器、电机等的外壳接地，这就是在实际应用中选地球为电势的零点。人站在地球上，人的电势也是零点。从上面的讨论可知，电场中某点的电势大小没有绝对的数值。虽然电势的物理概念很重要，但电场中某一点的电势大小并不太重要，更重要的是电场中某两点的电势差。可以证明，电势的零点可以任意选择，尽管电场中每一点的电势大小不同，但场中任意两点的电势差却是不变的，当然电势差的重要性绝不仅仅表现在其数值不变上，更重要的是它和电场做功有着密切的联系。

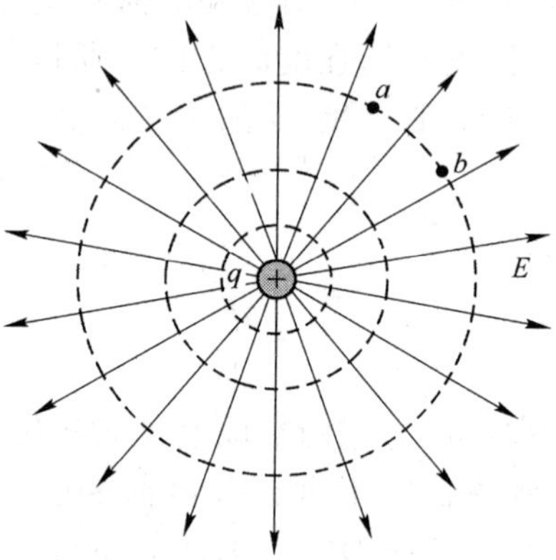

图 4-3　点电荷电场的等势面分布

4.2　磁场

人类对磁的认识经历了一个漫长的过程。最早只是发现了磁石能吸铁，后来又发现了摩擦过的琥珀能吸引轻小物体。当时人们还分不清这两种吸力之间具有什么区别与联系，认为它们在本质上是同样的现象。指南针（古时称之为“司南”）就是我国古人最早发明的，东汉王充（公元 27 ~ 约 97）《论衡》第十七卷第十一篇第五十二说“司南之杓，投之于地，其柢指南”，这个记载虽不是最早，但是最早表述清楚的一个。进入 17 世纪以后，人们对于电现象与磁现象的研究是孤立起来分别进行的，认为它们之间没有什么联系，于是形成了电学和磁学。后来随着科学技术的发展，在 18 世纪后半叶，人们才开始认识到电与磁之间具有某种联系。1785 年法国著名的物理学家库仑采取研究静电场中电荷之间有相互作用的类似办法，从假想存在“磁荷”的概念出发，确定了磁力的相互作用规律，在当时对磁力的研究起到了一定的推动作用。直到 19 世纪 20 年代末，丹麦物理学家奥斯特才通过实验证实了电流的周围存在着磁场，明确了电与磁的内在联系：在电流的周围存在着磁场，而磁场则是任何形式的电流的伴随者。

图 4-4　司南之杓，投之于地，其柢指南

此后，法国物理学家毕奥和萨伐尔等利用各种形状的载流导线，测定了它们周围磁场的数值和方向。数学家拉普拉斯对这些实验数据进行了分析归纳，总结出了电流产生磁场的普遍规律，即有名的毕奥—萨伐尔—拉普拉斯定律。与此同时，化学家和物理学家安培也做了大量的有关磁场对于载流导线的作用，总结出了安培定律，这为以后电动机的发明与制造奠定了理论基础。特别值得指出的是，1831 年英国物理学家与化学家法拉第发现了电磁感应定律，这一发现使得电与磁的联系发展到了划时代的时期，它不仅从理论上指明了电与磁内在联系的重要性，也为广泛应用电能为人类造福开辟了光明的前景。安培定律和法拉第定律为现代电工学的发展奠定了理论基础。

19 世纪后半叶，英国物理学家麦克斯韦在静电场、静磁场理论的基础上，研究了变化电场与变化磁场之间的关系，并用数学形式建立了麦克斯韦方程组，确立了比较严密的古典电磁场理论，推算出了电磁场变化传播的速度为光速，提出了电磁波的概念，并证实了光波就是电磁波。这样，光学也被纳入了电磁场理论。后来俄国物理学家波波夫完成了电磁波的发射与接收实验，使得电磁理论又在无线电通讯、遥控等方面得到了广泛的应用。下面对磁场涉及的几个基本概念进行简要介绍。

4.2.1　磁力线

磁极之间有相互作用，即同性相斥、异性相吸。也就是说，N（北）极和 S（南）极靠近时会相互吸引，而 N 极和 N 极或 S 极和 S 极靠近时会互相排斥。知道了这一点，我们就明白了为什么指南针会自动指示方向。原来，地球就是一块巨大的磁铁，它的 N 极在地理的南极附近，而 S 极在地理的北极附近。这样，如果把一块长条形的磁铁用细线从中间悬挂起来，让它自由转动，那么，磁铁的 N 极就会和地球的 S 极互相吸引，磁铁的 S 极和地球的 N 极互相吸引，使得磁铁方向转动，直到磁铁的 N 极和 S 极分别指向地球的 S 极和 N 极为止。这时，磁铁的 N 极所指示的方向就是地理的北极附近。这也是指南针的制作原理。

对于磁场，可以引入磁力线来形象地描绘其性质。设想将小磁针分别放在条形永久磁铁和通电直导线所形成的磁场中，小磁针在磁场中各点 N 极所指的方向不同。这说明磁场是具有方向性的。小磁针静止时 N 极所指的方向为磁场的方向。这样可以在磁场中引入一系列的力线，力线上每一点的切线方向代表该点磁场的方向，这样规定的力线叫磁力线。

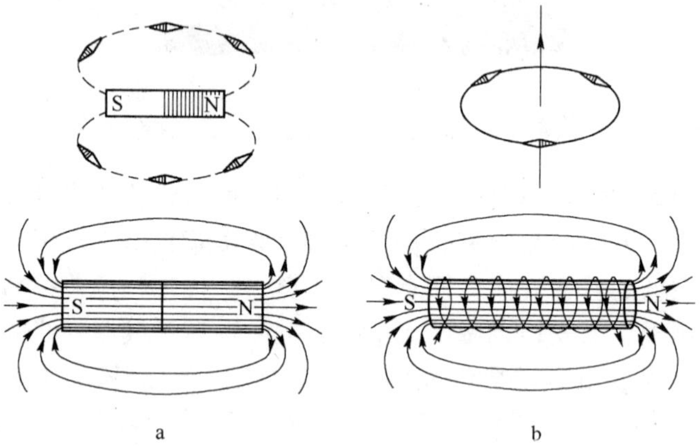

图 4-5 磁铁（a）与导电线圈（b）的磁力线

磁力线和电力线有什么区别呢？磁力线是没头没尾的，也就是说磁力线总是闭合的。它与电力线的不同之处在于：电力线是从正电荷始到负电荷终，而磁力线是一系列的闭合曲线。磁体的磁力线也是闭合曲线，在体外从北极到南极，在体内从南极到北极，平时大家所说的磁力线从北极始到南极终只是从在磁体外面来讲的。应当指出，在磁场里的任一点处，磁场只有一个方向，所以磁力线永远不可能相交，同时通过磁场中的一点只能而且必能做出一条磁力线。

4.2.2 磁感应强度

为了定量地描述磁场的强弱，利用通电导线试验线圈在磁场中受力的情况来测定磁场某点的性质，即该点磁场的方向和强弱。所谓试验线圈是指通电、闭合的平面线圈，线圈的尺寸大小比线圈到磁体（或产生磁场的通电导体）之间的距离要小得多，使得在线圈所处的磁场大小近似相等，方向基本相同。符合这样

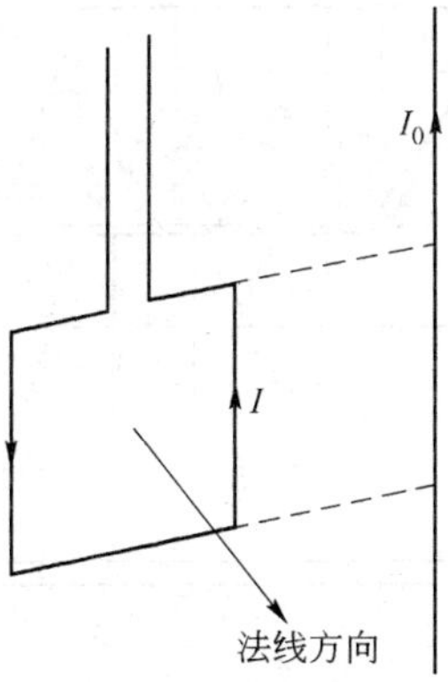

图 4-6 磁场的方向

条件的线圈，称为试验线圈。当把试验线圈放置在磁场中某一点时，假设其悬线的扭力矩大小为零，磁场对线圈平面具有一定的取向作用，当线圈处于静止状态时，其平面的法线方向就是磁场的方向。

既然磁场对线圈平面具有取向作用，这说明它一定是受到了磁力矩的作用。如果线圈悬线的扭力矩不为零，则线圈在磁场中静止时，其扭力矩一定等于磁力矩，只要测出扭力矩就可以知道磁力矩。当线圈的法线方向和磁场方向垂直时，线圈所受的磁力矩最大。通过实验发现，在磁场中的固定点，最大磁力矩 M 和线圈的电流强度 I 成正比，也和线圈的面积 S 成正比。通常把线圈的电流强度 I 和其面积 S 的积叫做线圈的磁矩，以 P_m 表示，即 $P_m = IS$。上述实验结果可以写成

$$M \propto P_m$$

如果线圈的电流强度 I 不变，把线圈放置在磁场中的不同点时，一般说来，线圈所受的最大磁力矩是不同的。这就说明磁场中各不同点磁场的强弱一般来说也是不同的。实验还发现，在磁场中的任一固定点，线圈的最大磁力矩 M 和线圈磁矩 P_m 的比值是不随线圈磁矩 P 变化的，这个比值只取决于线圈所在磁场的位置。即

$$B = \frac{M}{P_m}$$

式中，B 为磁感应强度，是仅和磁场中某固定点磁场性质有关的物理量。

磁感应强度是描述磁场某点性质的物理量，它在数值上等于具有单位磁力矩的线圈在该点所受的最大磁力矩，它的方向就是线圈在平衡位置时的线圈法线方向。磁感应强度在磁场中的重要性比较接近于电场中的电场强度。磁场中某一点的磁体或通电导线的受力情况，完全取决于该点磁感应强度的大小和方向。只要有磁场存在，磁场中各点就有磁感应强度存在，它的大小和方向不因放在磁场中某点的磁体或通电导体的存在而改变，只取决于产生磁场的那些磁体或通电导体。因此，磁感应强度是反映磁场强弱的重要物理量。磁感应强度的单位在国际单位制中为特斯拉（T）。

4.2.3 磁通量

为了使磁力线不但能够表示磁场的方向，而且能描述定量的磁场的强弱，通常对磁力线的密度作如下规定：通过垂直于磁场方向单体面积上磁力线的条数代表该点磁感应强度的大小。这样用磁力线的疏密就可以反映出磁场的强弱。

通过一个给定面的磁力线条数叫做通过该面的磁通量，用符号 Φ 表示。如果磁感应强度 B 与该面垂直则

$$B = \frac{\Phi}{S}$$

式中，S 是该面的面积。

在国际单位制中，磁通量 Φ 的单位为 Wb。即磁感应强度为 1T，通过垂直磁场方向上 $1m^2$ 的截面积的磁通量为 1Wb。

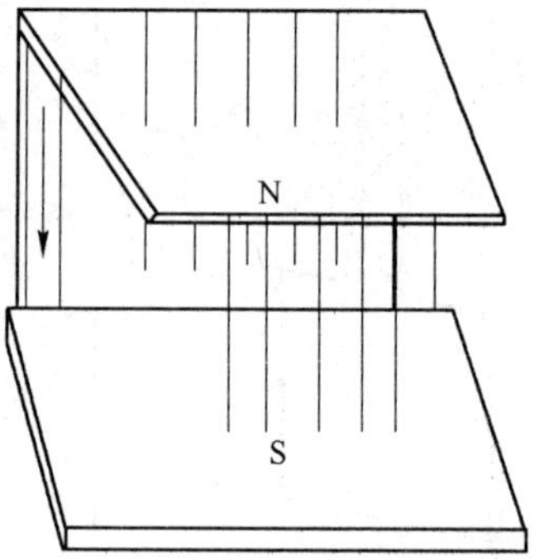

图 4-7　磁力线的条数表示磁感应强度的大小

4.3　电磁场与电磁辐射

人们在谈到电磁波的时候都知道，它的存在是由麦克斯韦从理论上论证的，是赫兹首次从实验上给予证实的。但是，我们还应该注意到这样一个史实：那是在 1832 年 3 月 12 日，法拉第给英国皇家学会写了一封密信，信封上面这样写着："现在应当收藏在皇家学会档案馆里的一些新观念"。这封信竟然在英国皇家学会的档案馆里放了一个多世纪，直到 1938 年才被人们发现。

在这封信里面，法拉第写道："前不久，我在皇家学会宣读了题为《对电做的实验工作》的论文，文中所介绍的一些研究成果，以及由于其他观点与实验而产生的一些问题使我得出结论；磁作用的传播需要时间，即当一个磁铁作用于另一个远处的磁铁或者一块铁时，产生作用的原因（我以为可以称之为磁）是逐渐从磁体传播开去的。这种传播需要一定的时间，而这个时间显然是非常短的。我还认为，电感应也是这样传播的。我以为，磁力从磁极出发的传播，类似于起波纹的水面振动或者空气粒子的声振动，也就是说，我打算把振动理论应用于磁现象，就像对声所作的那样，而且这也是光现象最可能的解释。类比之下，我认为也可以把振动理论用于电感应。我想用实验来证实这些观点，然而我的时间要用于履行职责，而这可能拖长实验的时间，实验本身也可能成为观察对象。因此，我在把这封信递交皇家学会收藏时，要以一个确定的日期来为自己保留这个发现。这样，当从实验上得到证实时，我就有权利宣布这个日期是我的发现的日期。据我所知，现在除了我以外，科学家中还没有人持类似的观点。"

看完这封信之后，我们可以知道，在这里法拉第预言了磁和电的传播是需要时间的，也就是暗示了电磁波存在的可能性，而且他实际上还指出了光可能是一种电磁振动的传播。它在电磁波被证实之前五十多年就已经被提出，然而却在电磁波被确认五十年之后才被发现。这是一个意义深远的但却被埋没了一个多世纪的预言。

4.3.1 电磁场

对于任何交流电路，其周围空间都会存在着交变电磁场，该电磁场的频率与交流电的频率是相同的。电场和磁场是这样存在的：有了移动的变化磁场，同时就会有电场，而变化的电场也在同时产生磁场，两者互相作用，它们互相垂直并且也与自己的运动方向垂直。这种电场与磁场的总和，就是我们通常所说的电磁场。

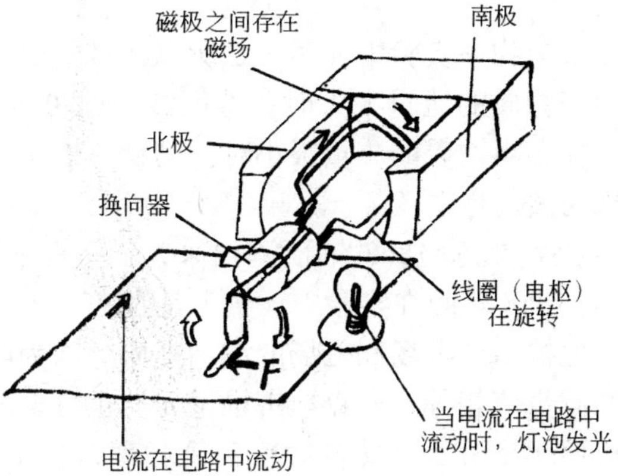

图 4-8　电磁场实验

4.3.2 电磁辐射

4.3.2.1　概念

电磁能量是大自然中物质存在的一种基本物理量，在很多领域中被人类开发和利用。交流电在其周围形成交变的电场，交变的电场又产生交变的磁场，交变的磁场又产生交变的电场，这种交变的电场与交变的磁场相互垂直，以源为中心向周围空间交替的产生并以一定速度传播，称之为电磁辐射。电磁辐射又称电磁波，是由同相振荡且互相垂直的电场与磁场在空间中以波的形式移动，其传播方向垂直于电场与磁场构成的平面，有效地传递能量和动量。电磁场涉及的基本相互作用是电磁相互作用，它与引力相互作用，弱相互作用和强相互作用并称为大自然的四个基本作用。

电场与磁场都遵守叠加原理。因为电场和磁场都是矢量场，所有的电场矢量和磁场矢量都适合做矢量加和运算。例如，一个行进电磁波，入射于一个介质，会引起介质内的电子振荡，因而使得它们自己也发射电磁波。这会与入射波发生干涉，因而造成折射或衍射等现象。

当电磁波从一种介质入射于另一种介质时，如果两种介质的折射率不相等，则会产生折射现象，电磁波的方向和速度会改变。假设由很多不同频率的电磁波组成的光波，从空气入射于棱镜，因为棱镜内材料的折射率与电磁波的频率有关，会产生色散现象：光波会色散成一组可观察到的电磁波谱。

电磁波同时具有波动性质和粒子性质，即具有波粒二象性。1924 年法国物理学家路易·德布罗意提出波粒二象性公式

$$\lambda = \frac{h}{mv}$$

这些性质已经在很多物理实验中证实。之所以在日常生活中观察不到物体的波粒二象性，是因为当物质的质量太大时，特征波长比可观察的限度要小很多，这时主要表现为粒子性；当物质的质量很小时，其粒子性又在日常生活经验范围之外，这时主要表现为波动性。

电磁波首先由麦克斯韦于 1865 年预测出来，而后由德国物理学家海因里希·赫兹于 1887 年至 1888 年间在实验中证实了其存在。麦克斯韦推导出电磁方程的波动形式，清楚地揭示了电场和磁场的波动本质。因为电磁波动方程预测的电磁波速度与光速的测量值相等，麦克斯韦推论光波也是电磁波。

电磁辐射可以按照频率分类，从低频率到高频率，包括有无线电波、微波、红外线、可见光、紫外光、X 射线和伽马射线等等。人眼可接收到的电磁辐射，波长大约在 400～800nm 之间，称为可见光。只要是自身温度大于绝对零度的物体，都可以发射电磁辐射，而世界上并不存在温度低于或等于绝对零度的物体。因此，人们周边所有的物体每时每刻都在释放着电磁波。不过，只有处于可见光频域以内的电磁波，才是可以被人们肉眼所看到的。电磁波不需要依靠介质传播，各种电磁波在真空中的传播速度固定为光速。

4.3.2.2　电磁辐射的分类

按照波长或频率的顺序把这些电磁波排列起来，就是电磁波谱。如果把每个波段的波长由长至短依次排列的话，它们是工频电磁波（6000～5000m）、无线电波（3000m～0.3mm）、红外线（0.3mm～0.75μm）、可见光（0.7～0.4μm）、紫外线（0.4μm～10nm）、X 射线（10～0.1nm）、γ 射线（0.1～0.001nm）及高能射线（小于 0.001nm）。以无线电的波长最长，宇宙射线的波长最短。

对生活环境有影响的电磁污染分为天然电磁辐射和人为电磁辐射两种。大自然引起的如雷、电之类的电磁辐射属于天然电磁辐射，而人为电磁辐射污染则主要包括脉冲放电、工频交变磁场、微波和射频电磁辐射等。

A　天然电磁污染源

辐射的存在其实是一种长期现象，人类自出生开始就暴露在天然的辐射环境之中。而太阳及其他星球也自外层空间源源不断地产生电磁辐射，这些天然产生

的电磁辐射对人体一般是无害的。

自然电磁污染源可以分为以下三大类：大气与空电杂波，太阳杂波和宇宙电磁杂波。

图 4-9　天然电磁辐射

（1）大气与空电杂波：大气中自然现象引起火花放电而辐射的电磁波如雷电等，在大气中如能形成满足电荷分离和储存的条件，如低气压、台风、风雪、火山喷烟、黄沙等均可引起射电干扰杂波。

（2）太阳杂波：太阳黑子活动与黑体辐射，即磁暴。

（3）宇宙电磁杂波：产生于宇宙空间电子的自由移动，银河系恒星爆炸，宇宙射线等。

图 4-10　雷击产生的电磁场

B　人工电磁污染源

随着现代科学的迅猛发展，电磁技术的大力推广与应用，使得现代人类生活区域空间的电磁环境更为复杂。造成人类活动区域电磁环境复杂的原因肯定是人类发展造成的，但也是多方面、长时间积累的结果。一般说来，人工电磁污染来源主要有以下一些方面。

（1）市区内的广播电视发射塔。广播电视塔大多建在人口稠密的城市中心区，其目的是使服务区内有较高的场强而使收视收听效果好。我国的电视和调频广播频率范围是：48.5 ~ 960MHz，属超短波与分米波段，电磁波为空间直线传播。电视调频设备都安装在同一发射台，而电视和调频天线绝大部分安装在同一

图 4-11　人工电磁污染源

个塔的桅杆上。这样在该桅杆上的两种发射天线发出的电磁波就有可能对其四周造成电磁辐射污染。

（2）城市高层楼顶的移动通信基地站。近 10 多年来无线移动通信业迅猛发展。目前移动通信网主要有：移动电话网，无线寻呼网，无线电集群专业网。它们的工作频率为超短波（波长 10 ~ 1m）和分米波段（波长 10 ~ 1dm），电磁波为空间直射波传输，各通信网由中心站、基地站及用户站组成。其造成的影响主要有以下几点：

1）基地站的定向天线高度低于周围建筑，并且天线主射方向与敏感建筑群距离较近，比如医院、幼儿园、学校、住宅等；

2）基地站天线安装在高层楼边缘，且有一定仰角时，天线辐射电磁波的垂直波瓣可能射到天线下方的居民房窗口处；

3）当居民楼顶有多个网站，比如有多个移动电话天线、或多个寻呼、或集群通信大线时，电磁波会产生叠加的场强。

（3）城区周围的卫星地球站。设在地球表面（包括大气层内）以通信卫星为中继器的无线电通信站，亦称卫星地球站，在许多城市都有，甚至有多个，其发射功率在几百瓦至数千瓦，天线仰角一般在几度到几十度之间。由于其发射功率较大，天线前方一定距离和高度空间及天线周围的电磁辐射功率密度较高。

（4）逐步向城市中心区逼近的超高压输电线和变电站。20 世纪 70 年代以前，高压线（110kV）主要分布在偏远、人口稀少的地区，进入 80 年代以来，随着经济发展，城市用电量剧增，电力部门为此加大了市区内电力建设，110kV 和 220kV 高压电缆引入市区。这些高压输电线、变电站，它们都是工频 50Hz，可产生工频电场和磁场，如果场强过高也会形成污染，对人群健康造成危害。不仅如此，还会对广播、无线通信等产生干扰。

（5）城区大量增加的工业、科研、医疗高频设备。在城市内有分布很广、数量众多的工业、科研、医疗高频设备。这些设备的特点是利用其产生的电磁能量来发挥其工作效率，尽管在设计上尽量做到不让这些设备泄漏电磁波，但它们在工作时仍不可避免地会有少量的电磁能量泄漏，造成对工作环境的污染，不过一般对外环境影响不大，或没有影响。

（6）发展迅速的个人通信工具移动电话。移动电话确实是一种先进的无线与有线接力的通信工具，对人类的通讯发展起到了极大的推动作用。截至2010年7月末，我国手机用户已突破8亿户，移动电话普及率达到60.5部/百人。手机是靠发射电磁波传递信息的，其发射功率较小，已由原来的3～5W减小到目前的0.25～2W，虽然功率不大，但当通话时手机天线距离大脑较近（一般5～10cm），再加上较长时间通话，对大脑的健康不利。手机产生的电磁辐射主要是对使用者有影响，而对环境并无影响。

（7）品种繁多的家用电器进入家庭。空调器具、冷冻器具、厨用器具、取暖器具、整容健身器具、胶木电器、文艺影视器具、电脑和其他类电器等电器产生的电磁辐射不得忽视，应正确使用以防止电磁辐射对人体健康造成危害。

第5章 电磁辐射的危害

在一百多年以前，人类一直生活在没有人造电磁辐射的自然环境中。那时，自然界产生的电磁辐射主要是太阳的光辐射、宇宙射线、地球磁场辐射和地球热辐射等。人类已经适应了这种天然的电磁环境。在现代社会，随着电子产品广泛应用于国民经济的各个方面，电磁分布也日益广泛，只要有人类活动的地方，无处不存在着电磁场。而居于电磁场周围的生物及非生物都要受到它的影响。强的电磁辐射不仅危害人体健康，对通信领域中信号的产生、传播和接收造成极大的干扰，给人民生活带来许多不便，给人类社会的生产与生活带来了不容忽视的影响。因此，电磁辐射继水体、大气、噪声污染之后，成为了第四大环境污染源。例如，武汉天河机场未启用前，从南湖机场起飞或降落的飞机会对下面的电视机产生严重干扰。飞机起降时地处飞机下面的武昌城区电视图像抖动，几万户居民长期遭受电磁干扰之苦；又如新建居民小区或花园楼房安装了电子防盗报警系统，该系统开关电源产生的电磁干扰使附近休闲在家的人无法收听收音机。使用大功率无绳电话、手机、家用游戏机等发射电磁波的电子装置时，电视屏幕上会出现讨厌的明暗条纹、雪花、闪烁和抖动；病房内使用手机很容易引起电子心脏起搏器停搏、输液泵电子开关误动作，中断病人输液等，直接危及病人的安全；冬天使用电热毯的孕妇因受到电热毯的电磁辐射容易造成流产。

5.1 电磁辐射对人体的危害

日本电磁兼容学术界先驱 Akao 先生曾于1996年9月发表了题为“令人忧虑的电磁环境”的文章。文中明确提出：不管人们承认与否，所有靠电气运转的设备都会产生电磁波，这种电磁辐射只要超过一定的量，都将对人体及其他电器设备造成危害。长期暴露于X光和紫外线光谱的辐射，无疑会使人体受到伤害。现在人们开始关注长期暴露于强电线路、个人电脑、移动电话、微波炉和所有其他电器设备所产生的电磁辐射中究竟会产生哪些潜在的负面影响？其程度有多深？瑞典有研究报告称，输电线路附近的居民中婴儿白血病以及脑瘤的发病率较高。在美国也有一些人起诉移动电话制造商，他们认为移动电话产生的电磁波可能会导致脑瘤。在许多西方发达国家，人们强烈反对电力部门在居民区架设高压输电线的计划。1996年6月，世界卫生组织正式宣布：设立一个为期5年的计划，研究与电磁波有关的电器设备对健康的影响。

5.1.1 电磁辐射对人体的危害

微波辐射是电磁辐射的一种形式，它使物质中的分子发生振动，进而产生摩擦并发热。在进行移动通信的时候，用于接收和传送微波的天线是直接置于电话使用者头部一侧的，这就带来以下的忧虑：如此近距离的微波辐射是否会对大脑产生不良的影响。此外，人体内的神经信号是以低频传送的，它们可能受到电器发出的低频电磁波影响，进而扰乱染色体或细胞的工作和生长。尽管各国学者对此类问题尚无完全统一的意见，但长期暴露于超限量电磁波中会带来危害，这是显而易见的。因此，最好要避免长期近距离地接触可产生电磁波的电器，对于婴儿和孕妇尤其如此，因为这些人对电磁辐射更加敏感，也更容易受到伤害。

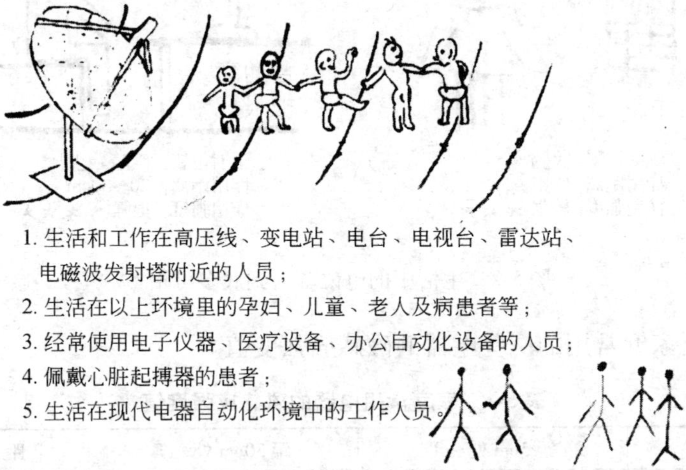

图 5-1　需重点注意电磁辐射污染的五种人

据德国慕尼黑大学医学研究所自 1994 年以来对近万名长期操作电脑的职业女性进行的跟踪调查表明，长时间操作电脑的妇女患乳腺癌的危险性，比其他职业妇女的概率高出 43%。1997 年 1 月，瑞典斯德哥尔摩的卡洛利斯卡大学的科学家们对 43 万长期居住在高压输电线附近的居民进行了调查，并公布了一项研究成果。科学家们明确指出，电磁波与癌症，尤其是脑瘤和儿童白血病，有直接的联系。伦敦大学机械系主任利夫·弗里柏格说，在他们那里工作的职工中，发现 6 名癌症患者，其中 4 人都是由于电磁波辐射造成的，这几名都是研究电磁铁的科学家，整天生活在磁感应强度高达 40μT 的环境里，比其他人受到的辐射都多。实际上，在居室中使用的家用电器也会产生不容忽视的电磁波辐射。这些电器如剃须刀和吹风机很多都是在离人体很近的地方使用。受电磁波辐射的时间越长，受到的危害越大。如每天使用剃须刀的时间超过 2. 5min，就会对身体造成危

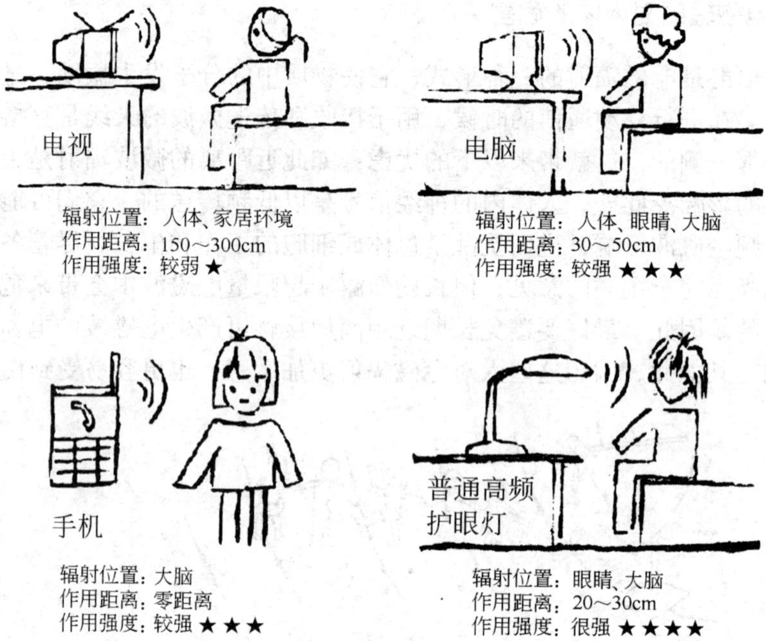

图 5-2　生活中的电磁辐射到底多可怕？

害。表 5-1 是家庭常用的一些电器的磁感应强度值。

表 5-1　家庭常用电器的磁感应强度值

电器名称	距 3cm 处/μT	距 30cm 处/μT	距 1m 处/μT
剃须刀	15 ~ 150	0. 08 ~ 9	0. 01 ~ 0. 03
吸尘器	200 ~ 800	2 ~ 20	0. 13 ~ 2
搅拌器	60 ~ 700	0. 6 ~ 10	0. 02 ~ 0. 25
微波炉	75 ~ 200	4 ~ 8	0. 25 ~ 0. 6
电视机	2. 5 ~ 50	0. 04 ~ 2	0. 01 ~ 0. 15
洗衣机	0. 8 ~ 50	0. 15 ~ 3	0. 01 ~ 0. 15
电熨斗	8 ~ 30	0. 12 ~ 0. 3	0. 01 ~ 0. 25
咖啡壶	1. 8 ~ 25	0. 08 ~ 0. 15	>0. 01
烤面包片机	7 ~ 18	0. 06 ~ 0. 7	0. 01
电冰箱	0. 5 ~ 1. 7	0. 01 ~ 0. 25	>0. 01

电磁波辐射能量较低，不会使物质发生电离现象，也不会直接破坏环境物质，但在到处充满电子通讯用品器材的现代城市中生活，对于这些器材的电磁干扰特性却是不可掉以轻心的，因为它们随时可能使人们处于危险的境地。长时间

使用计算机之后，会感到身体疲劳、眼睛疲倦、肩痛、头痛、嗜睡、不安，这些都是受了电磁波的影响。电磁波还会使人的免疫机能下降、人体中的钙质减少，并导致异常生产、流产、视觉障碍、阻碍细胞分裂，如癌、白血病、脑肿瘤等。此外，电磁波还会散发出一种扰乱人体状态的正离子。

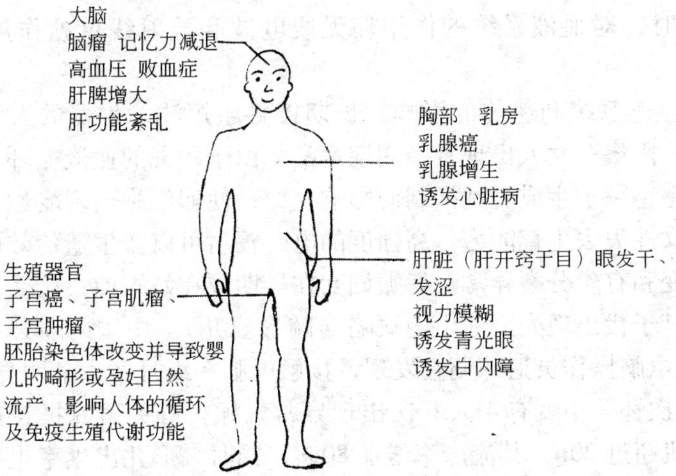

图 5-3 电磁辐射对人体健康的危害

经实验研究和调查观察结果表明，电磁辐射对健康的危害是多方面且极其复杂的，主要危害表现如下：

（1）对中枢神经系统的危害。神经系统对电磁辐射的作用很敏感，受其低强度反复作用后，中枢神经系统机能发生改变，出现神经衰弱症状，主要表现有头痛头晕、疲劳无力、记忆力减退、睡眠障碍（失眠、多梦或嗜睡）、白天打瞌睡、易激动、多汗、心悸、胸闷、抑郁等，尤其是入睡困难、无力、多汗和记忆力减退更为突出。这些均说明大脑是抑制过程占优势。所以受害者除有上述症状外，还表现有短时间记忆力减退，视觉运动反应时间明显延长；协调手脑能力差，表现对数字识记速度减慢，出现错误较多。

（2）对机体免疫功能的危害。使身体抵抗力下降。动物实验和对人群受辐射作用的研究和调查表明，人体的白血球吞噬细菌的比例和总量均下降。此外受电磁辐射长期作用的人，其抗体形成受到明显抑制，进而造成机体抵抗力下降。我国有学者指出，长期接触低强度微波的人和同龄正常人相比，其体液与细胞免疫指标中的免疫球蛋白会降低，使人体的体液与细胞免疫能力下降。

（3）对心血管系统的影响。受电磁辐射作用的人，常发生血液动力学失调，血管通透性和张力降低。主要表现为心悸、失眠，部分女性经期紊乱、心动过缓、心搏血量减少、心律不齐、白细胞减少、免疫功能下降等。装有心脏起搏器的病人处于高电磁辐射的环境中，会影响心脏起搏器的正常使用。此外，长期受电磁辐射作用的人，其心血管系统的疾病，会更早更易促使其发生和发展。

（4）对血液系统的影响。在电磁辐射的作用下，周围血象可出现白血球不稳定。对操纵雷达的人健康调查结果表明，多数人出现白血球降低。红血球的生成受到抑制，出现网状红血球减少。此外，当无线电波和放射线同时作用于人体时，对血液系统的作用较无线电波和放射线单独作用可产生更明显的伤害。

（5）对生殖系统和遗传的影响。长期接触超短波发生器的人，可出现男人性机能下降，阳痿；女人出现月经周期紊乱。由于睾丸的血液循环不良，对电磁辐射非常敏感，精子生成受到抑制而影响生育；使卵细胞出现变性，破坏了排卵过程，而使女性失去生育能力。高强度的电磁辐射可以产生遗传效应，使睾丸染色体出现畸变和有丝分裂异常。妊娠妇女在早期或在妊娠前，接受了短波透热疗法，结果使其子代出现先天性出生缺陷（畸形婴儿）。中国内陆某省对某专业系统 16 名女性电脑操作员追踪调查发现，接触电脑一组月经紊乱明显高于对照组，其中 8 人 10 次怀孕中就有 4 人 6 次出现异常妊娠。有关研究报告指出，孕妇每周使用计算机超过 20h，其流产率增加 80%，同时畸形儿出生率也有所上升。另有调查表明：胎儿在 1 至 3 个月为胚胎期，受到强电磁辐射可能造成肢体缺陷或畸形；4 至 5 个月为胎儿形成期，受到电磁辐射可能引起智力不全，甚至造成痴呆。6 至 10 个月为胎儿成长期，受电磁辐射可能导致免疫功能低下，出生后体质弱，抵抗力差。全国每年出生的两千多万新生儿中，接近 120 万为缺陷儿，专家指出，导致婴儿缺陷因素中，电磁辐射危害最大。电磁辐射是造成孕妇流产、不育、畸胎等病变的诱发因素。某著名医院妇产科医生在进行孕期跟踪时发现，两位妇女长期在电脑屏幕前工作，孕后因诸多原因仍未离开原工作，结果双双产下畸胎。上海市一位工厂青年女工 1993 年转岗后当上了一名寻呼员，1998 年 3 月怀孕，7 月份到医院检查时发现腹中胎儿已死。另外女寻呼员中月经不调、自然流产的比例也比较高。医生和专家认为，这些情况可能都与长期受电磁辐射影响有直接关系，应当引起高度重视。

（6）对视觉系统的影响。在人体的各个器官中，眼睛属于敏感器官，过高的电磁污染会对视觉造成影响，会导致视力下降和引起白内障等。眼组织含有大量的水分，易吸收电磁辐射功率，而且眼的血流量少，故在电磁辐射作用下，眼球的温度易升高。温度升高是造成产生白内障的主要条件，温度上升导致眼晶状体蛋白质凝固，多数学者认为，较低强度的微波长期作用，可以加速晶状体的衰老和混浊，并有可能使有色视野缩小和暗适应时间延长，造成某些视觉障碍。此外，长期低强度电磁辐射的作用，可促使视觉疲劳，眼感到不舒适和眼睛干燥等现象。曾有调查显示，常用电脑的人中有 83% 感到眼睛疲劳，视远物模糊不清，有时出现双影现象，有时在转移视线后物体的图像似乎还保留在眼前，眼不适、眼睛发干或流泪等现象，视力明显下降，有的还会出现夜盲症。

（7）电磁辐射的致癌作用。大部分实验动物经微波作用后，可以使癌的发生率上升。一些微波生物学家的实验表明，电磁辐射会促使人体内的微粒细胞染色体发生突变和有丝分裂异常，而使某些组织出现病理性增生过程，使正常细胞变为癌细胞。美国驻国外一大使馆人员长期受到微波窃听所发射的高度电磁辐射的作用，造成大使馆人员白血球数上升，癌发生率较正常人为高。中国台湾环保联盟曾公布了一批电脑电磁波（即电脑辐射）检测结果，多家知名品牌的笔记本电脑，无线上网时发出的电磁波，每平方米超过2000kW，容易引发癌症，长期使用将危害人体健康。

除上述的电磁辐射对健康的危害外，它还对内分泌系统、物质代谢、组织器官的形态改变，均可产生不良影响。当然，这些影响不是绝对的，因工作人员身体状况的不同而有所差异，工作人员身体条件，以及性别、工龄不同，高频电磁场对机体的影响也不相同。因此，恒定高频电磁场对机体的不良影响，是一个综合的过程。

5.1.2 电磁辐射对人体的作用机理

人体本身就是一个微妙的电世界，在正常的情况下，人体可以适应地球的磁场和微弱的电磁噪声。然而，当人体吸收了高强度的电磁辐射之后，会使身体的表面温度升高。当人体的调节功能不能适应某些部位的过高温升时，就可能会造成某些伤害。除此之外，电磁辐射也可能在体温没有明显升高的情况下，产生一些生理变化，这是因为强电磁场可使人体内分子自旋轴向发生偏转，或使体内电子链出现反常排列，促使体内电磁阵列改变，从而引起某些疾病。当电磁波照射到人体全部或局部时，有一部分电磁波被反射，另一部分电磁波被吸收。由于人体结构的复杂性，电磁波对人体将会产生各种各样的影响，这种影响还与电磁波本身的特性，如功率、时间、频率和波形等因子有关。归纳起来，电磁辐射的影响主要有热效应、非热效应和累积效应。

5.1.2.1 热效应

生命与热是息息相关的。人体作为一个开放系统，时刻都在与外界进行物质交换与能量交换，这就是物质代谢和能量代谢，即我们通常说的新陈代谢。人体需要有恒定的体温，只有在一定的体温范围内，机体才能正常地进行新陈代谢。体温过高，作为生命物质基础的蛋白质和核酸就要变性、凝固乃至解体，机体便无法生存。当然，体温如果长时间过低，人类也无法生存。人体70%以上是水，水分子受到高强度的电磁波辐射后，被吸收的辐射能量使其产生极化和重新排列，分子的振动和摩擦会使人的体温上升，从而影响到体内器官的正常工作。温升值与单位体积吸收的辐射功率、照射时间、物体的比热及密度等有关。这种温升效应称为热效应。这种热效应在微波段特别明显。

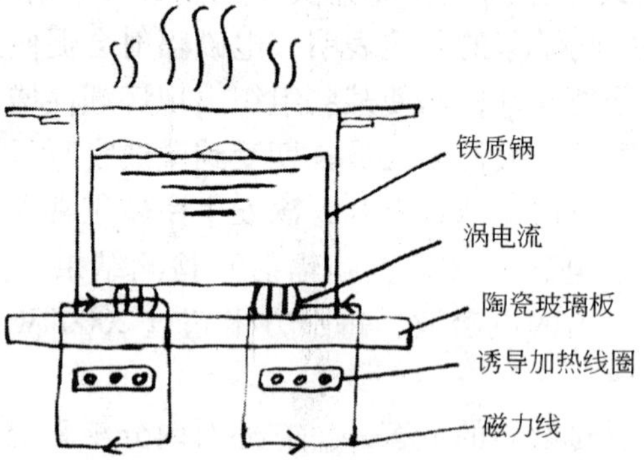

图 5-4　电磁辐射的热效应

（资料来源于万维家电网）

当电磁辐射人体时，其中部分能量被机体表面反射，部分透过表皮进人机体组织中。机体组织是一种有机电解质，机体内的电解液中存在离子，在电磁辐射作用下带电粒子（离子）振荡产生传导电流，由于介质电阻引起能量消耗，电偶极子的转动产生位移电流，这些能量损耗将转化为热能，使机体局部组织升温。其表达式为：

$$\Delta T = \frac{Pt}{4.17c\nu} \times 10^{-3}$$

式中，ΔT 为温升，℃；P 为吸收功率，mV/cm^2；c 为介质比热容，cal/(g · ℃)；ν 为介质密度，g/cm^3。

当机体吸收功率接近代谢散热时，机体就会感到体温有轻微变化。若机体受到足够的功率，而热调节系统失调，则体温上升，产生高温反应，在医学临床上就表现为心率加快、血压升高、呼吸加快，严重时出现抽搐和呼吸障碍，甚至死亡。

5.1.2.2　非热效应

微波辐射对人体的作用主要是热效应，除了热效应外还有非热效应的存在。人体若暴露在强度不大的微波辐射环境中，体温并不会发生明显的升高，但往往会出现一些其他的生理反应。

（1）对神经系统的作用。长时间的微波辐射可能会伤害脑细胞，使大脑皮质细胞活动能力减弱，并对已经形成的条件反射产生抑制作用。反复受到微波辐射还可能引起神经系统机能紊乱。曾有报道，某地区长时间在微波辐射强度较高的环境下工作的人员，出现疲劳、头痛、嗜睡、记忆力减退、工作效率低、食欲不振，眼内疼痛、手发抖、心电图和脑电图变化、甲状腺活动性增强，血清蛋白增加、脱发、嗅觉迟钝和性功能衰退等症状。但是这些症状一般都不严重，经过一段时间的休息后就能够恢复到正常水平。英国皇家医院曾进行过移动电话志愿者实验：志愿者头部连接一个发射器，1h 内，一半人接受 915MHz 移动电话发出的微波，一半人不接受。紧接着判断大脑的受影响情况。结果证明：没有接受微波辐射的一组人记忆力、注意力都同以前一样，而接受微波辐射的一组则普遍不如以前。美国华盛顿大学研究手机的专家也曾做过实验，将一百只老鼠放进一个盛满水的放置有一个救生浮台的大水桶中，重复六次训练这些老鼠爬浮台的知识。这位专家让其中五十只老鼠接受与手机类似的电磁辐射，另外五十只不接受这种电磁辐射，结果发现，不接受电磁辐射的老鼠仍能驾轻就熟的爬上浮台，而接受电磁波辐射的老鼠基本上都失去了记忆，不知如何爬上浮台。

（2）微波辐射对血液的作用。长期的微波辐射可能会引起血液内白细胞和红细胞数量减少，并使血液凝固时间缩短。长时间的微波照射，还可能会引起白细胞的增加，进而影响人体健康。但是，国外有研究报道称，从事微波工作多年的人员相对接受微波治疗的病员，其白细胞数一般均减少。曾经有调查显示，居住在高压线周边，受到电磁辐射的儿童，其白血病发病率比居住在别处的儿童高出一倍，该报告发现在 1960 年至 1985 年间，居住在距电线 300m 以内地段的 50 万人中，共有 142 名儿童患上病症，其中 39 人得白血病。根据统计，15 岁以下的儿童如果暴露在平均磁感应强度大于 0.2μT 的环境中，则患白血病概率为一般儿童的 2.7 倍以上；若磁感应度大于 0.3μT，则为 3.8 倍。国际上认同儿童居住环境中的磁场强度应不超过 0.4μT。到目前为止的有关电磁辐射危害的研究都指向小儿白血病。这是由于在电磁辐射的作用下，会出现白血球不稳定，主要是下降倾向，白血球减少，红血球的生成受到抑制，出现网状红血球减少的现象。

5.1.2.3 累积效应

微波辐射对生物体的危害，另一个作用方式是累积效应。一般情况下，一次低功率照射之后，机体会受到某些不明显的伤害，经过四至七天之后可以恢复。如果在恢复之前又受到第二次照射，伤害就将积累，这样多次之后就形成明显的伤害。而长期从事接触微波的工作，长期受到低功率照射，在停止接触微波后四至六周才能恢复。但必须指出只有低功率照射，受损的人体机能才能恢复；如果辐射功率很大，而且从事此项工作时间又很长的话，损害将会是永久性的。曾有报告指出，根据大量临床检查结果来看，长期在电脑前工作的孕妇，在流产、早产率这两方面远远高于很少接触电脑的孕妇。为了减少早产和流产，孕妇应该对电脑辐射引起高度重视。电脑启动时，显示器发出的电磁辐射，对细胞分裂有破坏作用，在怀孕早期会损伤胚胎的微细结构。根据最新的研究报告，怀孕早期的妇女，每周上机 20h 以上，流产率增加 80%，早产的机会也大大增加。

5.1.3　影响因素

电磁场对人体健康影响的程度，与许多因素有密切关系。

5.1.3.1　场强

场强愈大，对机体的影响愈严重。例如接触高场强的人员与接触低场强的人员，在神经衰弱症候群的发生率方面有极明显的差别。表 5-2 列出了基于电刺激效应的人体组织内电场强度基本限值，其中行动水平是指在辐射应急情况下，应考虑采取防护行动的剂量（率）水平，控制区是指为进行电磁防护而划定的特定区域，其特征是电磁辐射强度大于相关标准规定的职业限值。

表 5-2　人体不同组织内电场强度基本限值

暴露组织	频率 f_e/Hz	电场强度 E_0/V·m^{-1}	
		行动水平（公众）	控制区中的人群
脑　部	20	5.89×10^{-3}	1.77×10^{-2}
心　脏	167	0.943	0.943
四　肢	3350	2.10	2.10
其他组织	3350	0.701	2.10

5.1.3.2　频率

一般来说，长波对人体的影响较弱。随着波长的缩短，对人体的影响加重，微波作用最突出。例如，根据有的单位对国内从事中波与短波作业的部分人员进行体检的资料，在血压方面，两臂血压收缩压差大于 10mmH_2O 的，中波组占 10.28%，短波组占 13.4%，舒张压差大于 10mmH_2O 的，中波组占 7.12%，短波组占 12.25%。电磁辐射频率与其对人体各器官的影响见表 5-3。

表 5-3　人体各器官与电磁辐射的频率的关系

频率/MHz	波长/cm	受影响的主要器官	主要生物效应
<150	>200		透过人体，影响不大
150～1000	200～30	体内各器官	因体内组织过热，损伤各器官
1000～3000	30～10	眼晶状体、睾丸	组织加热显著，晶状体易损伤
3000～10000	10～3	皮肤、眼晶状体	伴有温感的皮肤加热
>10000	<3	表　皮	皮肤表面一方面反射，另一方面吸收产热

5.1.3.3　作用时间与作用周期

作用时间愈长，即受暴露的时间愈长，对人体的影响程度一般愈严重。对作用周期来说，一般认为，作用周期愈短，影响也愈严重。实践证明，从事射频作

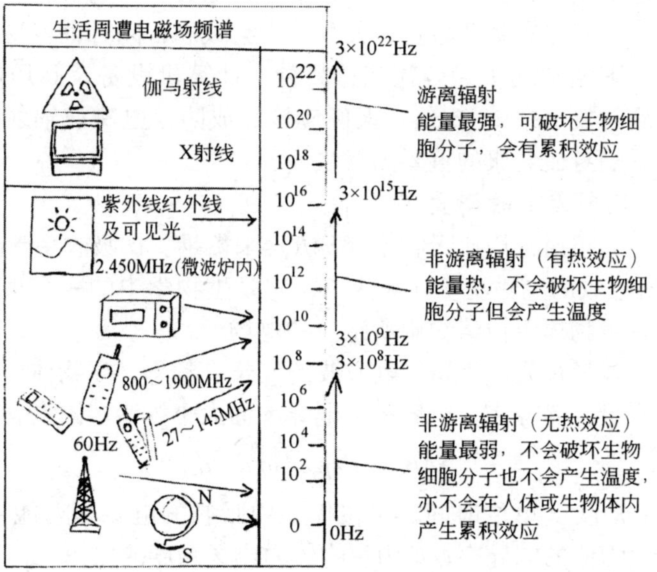

图5-5 生活周围不同频率辐射源的危害

业的人员接受电磁场辐射的时间愈长（指累积作用时间），例如工龄愈长，一次作业时间愈长等，所表现出的症状就愈突出。连续作业所受的影响比间断作业明显得多。

5.1.3.4 与辐射源的距离

一般来讲，辐射强度随着与辐射源距离的加大而迅速递减，对机体的影响也迅速减弱。

5.1.3.5 振荡性质

脉冲波对机体的不良影响，比连续波严重。

5.1.3.6 作业现场环境温度和湿度

作业现场的环境温度和湿度，对于评价射频辐射对机体的不良影响具有直接的关系。温度愈高，机体所表现出的症状愈突出；湿度愈大，愈不利于散热，也不利于作业人员的身体健康。所以，加强通风降温，控制作业场所的温度和湿度，乃是减少射频电磁场对机体影响的一个重要手段。

5.1.3.7 作业人员的年龄和性别

初步认为，女性工作人员对射频辐射的刺激敏感性最大，其次是少年儿童。关于年龄，目前尚未发现规律性的东西，有待今后继续研究。

随着电器设备的使用率越来越高，电磁波对人体健康的影响也越来越大，除了使用最普遍的手机电磁波之外，其实，家庭电器、计算机设备及高压电线的辐射对人体伤害也很重，家居中的电视、厨房中的电磁炉与微波炉，产生的辐射会使身体产生大量的氧游离基及酸化，长久下来会致癌，同时也容易引发老年痴呆症、关节炎、心脏病和脑中风等疾病；另外，计算机设备及高压电线会增加血癌、脑癌及乳癌的发生率2～3倍。人们应该养成防范电磁波辐射的习惯，否则它将成为未来影响身体健康的重要因素之一。

5.1.3.8 辐射大小的衡量

电磁辐射的大小通常用比吸收率（*SAR*）来衡量。比吸收率 *SAR* 的定义为每1kg人体组织所吸收的电磁功率（W/kg），它是生物学中的一个重要参数，用来度量电磁辐射在生物体单位组织中所感应的电场。

SAR 与许多因素有关，比如与电磁波的波长、频率，生物体的固有频率，生物组织中的含水量、磁导率、电容率、电导率的大小等诸多因素有关。

$$SAR = P/\rho = \sigma E^2/\rho$$

式中，P 为功率密度（单位时间、单位体积内吸收的电磁辐射能量）；ρ 为生物体密度；σ 为生物体的电导率；E 为生物体内电场强度的振幅。

由于人体结构复杂，而且各部分器官组织的电磁参数磁导率 μ、电容率 ε、电导率 σ 是不同的，所以很难计算出人体接受电磁辐射的量值，只能计算一个大致的范围。当辐射频率与生物体或某些器官（眼睛、大脑等）的固有频率谐振时，吸收最强，称为谐振吸收。

5.2 电磁波对电子设备的干扰

电磁干扰是指任何在电磁场伴随着电压、电流的作用而产生会降低某个装置、设备或系统的性能，或可能对生物或物质产生不良影响的电磁现象。电磁干扰包括传导型（低频）电磁干扰、辐射型（高频）电磁干扰、静电放电或雷电引起的电磁干扰。许多正常工作的电子、电气设备所发生的电磁波能使邻近的电子、电气设备产生干扰、性能下降乃至无法正常工作，甚至造成事故和设备损坏。例如，在身上安装起搏器的人，只要靠近正在运行的电力变压器、电冰箱等，就会有不舒服的感觉，起搏器可能会失调。目前，许多电子设备的内部基本电路都工作在低压状态，如电视机的调谐器、视频放大器、计算机主板、CPU等，特别是随着半导体技术的发展，集成电路工作电压越来越低，有的只有1V左右，甚至更低。因此，很容易受到电磁波的辐射干扰，安全性和可靠性都受到威胁。其主要影响有如下几个方面。

5.2.1 降低技术性能指标

（1）话音系统。无线和有线电话，受到电磁干扰会使信号发生畸变失真，严重时可完全被电磁干扰淹没。电磁干扰越强，信号与噪声强度比越小，语言清晰度越差。许多人可能有过类似的经历，如果您正在用固定电话进行通话，电话机附近的手机有短信或电话打进时，您正在通话的听筒里会听到一阵杂音，引起电话通话质量下降的原因就是电磁干扰。

（2）图像显示系统。雷达显示器、传真、电视、图示和字母数字读出器等图像显示系统，在电磁干扰作用下会变得模糊并出现差错。轻微干扰也会使图像质量变差、清晰度变低和误差变大。而出现严重干扰时则根本无法判读和观看。生活中，我们经常遇到这一情况，当您把手机放在电脑旁边时，如果有电话打入，电脑的图像就会发生抖动现象，这就是电磁干扰所造成的。

（3）数字系统。电磁干扰使数字系统误码率增大，数字电路中发生误传数据或地址，造成逻辑紊乱、计算程序错误或数据丢失，降低了信息的可信性，严重时引起保护延时、误动、拒动或装置死机等。由于电磁干扰的存在，无线电通信误码率只能维持在 10^{-5} 水平（一般数据传输误码率在 10^{-7} 水平，电子计算机内总数据传输误码率在 10^{-12} 水平）。

（4）指针式仪表系统。传统电子设备和仪器仪表中有许多是指针式的。在恶劣的电磁环境中或信息技术设备之间的相互干扰，会导致仪器仪表运转失灵。主要是由于指令传输的错误而进入错误的工作程序，或造成仪器仪表停止运行，数据库信息遭到破坏等故障。辐射干扰与现场设备所产生的电磁场大小与频率有关，这种干扰可使设备莫名误动作。比如，电厂就出现过对讲机距离设备太近，在对讲机接通瞬间设备停止工作的现象。

（5）控制系统。自动控制系统受到电磁干扰时，可能出现失控或误控，使控制系统的可信性和有效性降低，并危及安全。控制系统中除灵敏电子设备、装置和电路对电磁干扰敏感外，灵敏电机、电器（如低压电磁开关、继电器、微型电机等）也对电磁干扰十分敏感而成为电磁干扰接受器。在飞机上，使用中的电子装置会干扰飞机的通讯、导航、操纵系统，会干扰飞机与地面的无线信号联系，尤其在飞机起飞下降时干扰更大，即使只造成很小角度的航向偏离，也可能导致机毁人亡的后果，是威胁飞行安全的“杀手”。以移动电话为例：移动电话不仅在拨打或接听过程中会发射电磁波信号，在待机状态下也在不停地和地面基站联系，虽然每次发射信号的时间很短，但具有很强的连续性。飞机在平稳飞行时，距地面6000～12000m，此时手机根本接收不到信号，无法使用，在起飞和降落过程中，手机才有可能与地面基站取得联系，但此时干扰导航系统产生的后果最为严重。

5.2.2　电磁兼容性故障

电磁干扰降低系统（设备）技术性能指标的现象极为普遍。日常生活中最容易受到干扰的就是电视机和收音机，但当干扰源关机或者远离时，干扰症状随之消失，一切又都恢复正常。前面列举的手机干扰心脏起搏器和电子输液装置，如果造成心脏手术失败，出现灾难性电磁干扰危害，被称为“电磁兼容性故障”。又如，强电磁干扰使无线电接收机前端电路烧毁不能恢复正常工作；游乐场过山车因电子游戏机电磁干扰失控而相撞，造成游客受伤；核电站因移动电话电磁辐射发生错误关闭事故等，均属于电磁兼容性故障。电磁兼容性故障会给国防、工业、交通运输、医疗和科研等带来巨大损失并危及人身安全。

5.3 电磁波对无线电通信的干扰

在20世纪50年代，一部50W的短波电台通信距离可达1000km；到了20世纪80年代，一部250W的短波电台通信距离一般小于500km。其根本原因是80年代电磁干扰比50年代增强了许多倍。现代社会日益增多的电磁干扰正在侵入地球空间的各个角落，像毒雾般地污染无线电网络。1997年8月13日，深圳机场由于附近山头上的数十家无线寻呼台发射的电磁辐射对机场指挥塔的无线电通信系统造成严重干扰，使地对空指挥失灵，机场被迫关闭两小时。就无线电干扰而言，可分为以下五种类型：

（1）同频率干扰。凡是无用信号的频率与有用信号的频率相同，并对接收同频道有用的信号的接收设备造成干扰的都称为同频干扰。

（2）邻频道干扰。干扰功率进入相邻频道的功率接收设备内造成的干扰，称为邻频道干扰。

（3）带外干扰。发射机的谐波或杂散辐射在接收有用信号时造成的干扰。

（4）互调干扰。互调干扰又分为发射机互调干扰和接收机互调干扰。发射机互调干扰是多部发射机信号落入另一部发射机，并产生不需要的组合频率，对接收信号频率与这些组合频率相同的接收机所造成的干扰，称为发射机互调干扰；接收机互调干扰是当多个强信号同时进入接收机时，产生互调频率，互调频率进入接收设备所造成的干扰，称为接收机互调干扰。

（5）阻塞干扰。当接收微弱的有用信号时，受到接收频率附近信号的干扰，称为阻塞干扰。轻则降低接收灵敏度，重则通信中断。

从管理的目的出发，按干扰程度来进行分级，一般可分为以下几级：

（1）允许的干扰。在给定的条件下，引起接收机质量降低尚不明显，但在系统规划时应加以考虑。允许干扰的程度通常在国际无线电咨询委员会的建议或其他国际协议中规定。

（2）可接受的干扰。在给定的条件下，具有较高程度的干扰使接收机质量有中等程度的降低，由有关主管部门来认定它是可接受的。

（3）有害干扰。有害干扰已经使无线电通信业务严重降低质量，引起阻塞或反复阻断。值得注意的是，电磁干扰也刺激了功率竞赛，加剧电磁污染。无线电通信需要一定的信号噪声比，电磁干扰大，信噪比就会下降，使无线电通信距离变短。为保证一定的通信距离，只好增大发射机功率，以保证接收机所需要的信噪比。这样继续下去，人类会不会陷入“发射机功率增大和数量增多→电磁干扰场强增大→信噪比下降→再次增大和增多发射机功率和数目”的恶性循环。电磁干扰危害的加剧，可能会刺激发射机功率和数目竞赛，复又导致更严重的电磁污染。

5.4 电磁辐射的引燃引爆

电磁干扰使金属之间因电磁感应电压而产生电火花或飞弧，引燃该处易燃气体导致易燃物燃烧。极高频辐射场能引起导弹控制系统失灵，电爆管效应提前或滞后；也可使金属器件之间打火，从而引起火药、燃油或气体的燃烧和爆炸。

电引爆装置暴露在强电磁干扰的环境中有可能发生误爆。在安装有电引爆装置的系统设备中，同电引爆装置相连接的导线电缆、金属构件、器件等，由电磁干扰产生的感应电流或来自其他设备的电磁干扰传导电流施加到电引爆装置上时，就可能发生误爆。电磁干扰误爆会使功能爆炸失控、早爆和误爆，危及系统设备和人员的安全。例如，现代导弹武器中大量采用微电子器件和电发火装置，使其对电磁能量越来越敏感。如果导弹武器系统及其元件得不到适当的防护，则其中使用的电火工品，因吸收环境电磁场的射频能量，就有可能产生误动作（如早爆）或性能与可靠性降低（如失效）等意外事故。

5.5 电磁泄密及暴露

电磁干扰中含有大量信息。例如，电脑产生的电磁辐射中含有各种数据信息。除经过专门反窃密设计的电子系统设备外，一般电子系统设备均有电磁泄漏。现代侦测系统很容易从电磁干扰中得到重要信息。

例如，人们工作、生活中常用的手机、QQ、飞信、电子邮件、电话和传真机等，它们属于电信通信工具，都有可能发生信息泄漏，可能泄密的方式主要有以下三种：

（1）有线传输线路辐射泄密。由于有线通信传输线路工作时，会向周围空间辐射发射电磁波，利用相应设备可接受并还原所传输的信息。

（2）无线传输泄密。微波、卫星、短波、超短波等无线信道广泛用于通信传输，所传输的信号暴露在空中，只要有相应的接收设备，选择合适的位置，就可接收并还原通信内容。

（3）通信设备电磁泄漏发射泄密。通信设备，包括电话机、传真机、交换机等，工作时间会产生电磁泄漏发射，通信信号会被辐射到数百米之外，利用相关技术设备就可以接收通信信号并还原通信内容。

电磁信息泄密可能使个人隐私遭到泄露，同时也可能造成企业高新科技成果和商业机密被竞争对手轻易获取，进而严重影响企业的生存和发展。更重要的是，电磁干扰辐射还可能造成政治、军事、经济和工业等保密信息的泄密。电磁干扰也是重要的电磁暴露。国家利益需要的科研、军事、工业等隐蔽设施项目，在成果尚未投入使用前，试制调整试验过程产生的外泄电磁干扰可能会造成电磁暴露。

第6章　电磁辐射无害的限值

科学实验表明，过量的电磁照射对人体有一定的伤害作用，因此目前有许多国际的、国家的文件都规定了电磁暴露的人体安全限值。虽然这些文件在具体规定上有所不同，但大多数文件都使用相同的方法：使用基本限值和导出限值来给出电磁辐射限值。基本限值是指判定人体对电磁场产生生理反应的基本量。基本限值适用于身体存在场中的情形。人体暴露的基本限值通常以吸收率来表示。导出限值是指可以产生与基本限值相应的电场、磁场和功率通量密度的值。由于基本量很难测出，所以大多数文件给出了电场、磁场和功率密度的导出（参考）限值。如果场强符合导出限值，那么就一定符合基本限值。导出限值适用于身体的存在不会影响电磁场的情形。暴露限值适用于工作人员或一般公众可到达的地点。人们一般将暴露分为职业暴露和公众暴露两大类，职业暴露是指科学工作者除了对自愿者实验室研究和流行病学研究以外，还对动物进行了大量的实验，通过这些实验得到造成生理参数不可逆改变的电磁场强度阈值，取十倍安全系数后，导出职业暴露限值；在职业暴露限值的基础上，再取五倍的安全系数作为公众暴露限值，用以保护公众身体健康。

早在20世纪50年代，以美国和苏联为代表的许多国家就开展了电磁辐射防护标准的研究工作。目前很多国家已制定出相应的电磁辐射防护标准对电磁辐射进行管理。但由于各国对电磁场生物效应的研究水平及制定标准限值依据的选取等方面存在着较大的差异，各国间的标准限值差别很大。目前国际上有两大主流标准，一个是国际非电离辐射防护委员会（ICNIRP）标准，它是国际非电离辐射防护委员会发布的标准，主要使用范围在欧洲、澳大利亚、新加坡、巴西、以色列以及我国的香港特区。但是值得注意的是，在欧洲，意大利、卢森堡、瑞士和比利时使用了比ICNIRP严格的标准。另一个标准是美国的电气电子工程师学会标准。主要使用范围在美国、加拿大、日本、韩国以及我国的台湾地区（准备采用ICNIRP标准）等。表6-1和表6-2分别列出了部分国家地区和主要国际组织的公众照射限值标准和工频电磁场暴露限值。

关于电磁辐射标准，我国目前的状况是多个相关的国家标准同时并存，几个部门同时又在制定或修订类似的国标。这些标准分别由国家环保局、卫生部和原机电部在20世纪末和21世纪初制定和发布。各标准间差异较大。按其适用性，可以大致分为卫生标准、环保标准、设备电磁干扰和电磁兼容的控制标准三类。

表 6-1　部分国家地区和主要国际组织的公众照射限值标准

国家地区和主要国际组织	900MHz 移动通信频段/$\mu W \cdot cm^{-2}$	1800MHz 移动通信频段/$\mu W \cdot cm^{-2}$
中国环保局	40	40
国际非电离辐射委员会	450	900
香港电信管理局	450	900
欧　盟	450	900
欧洲电子技术标准委员会	450	900
日本邮政省电信技术委员会	600	1000
澳大利亚	200	200
美国联邦通信委员会	600	1000
美国电气电子工程师协会	600	1000

表 6-2　部分国家和主要国际组织的工频电磁场暴露限值

名　称	发布时间	频率/Hz	电场强度 /$kV \cdot m^{-1}$		磁通密度 /μT		接触电流 /mA	
			职业暴露	公众暴露	职业暴露	公众暴露	职业暴露	公众暴露
ICNIRP	1998	50	10	5	500	100	1	0.5
IEEE	2007	50/60	20	5	2710	904	1.5	0.5
欧　盟	2004	50	10	5	500	100	1	0.5
英　国	2004	50	10	5	500	100	1	0.5
澳大利亚	1999	50/60	10	5	500	100	—	—
中　国	2002	50	6	4	78	22	1	0.5

6.1　卫生标准

卫生标准主要有《作业场所高频电磁场职业接触限值》（GB 18555—2001）、《作业场所超高频辐射卫生标准》（GB 10437—1989）、《作业场所微波辐射卫生标准》（GB 10436—1989）、《作业场所工频电场卫生标准》（GB 16203—1996）和《环境电磁波卫生标准》（GB 9175—88）等。其特点是：以电磁辐射强度及其频段特性对人体可能引起潜在性不良影响的阈值为界，将环境电磁波容许辐射强度标准分为二级，超过二级标准地区，对人体可能带来有害影响；针对作业场所，分别制定了工频、高频、超高频、微波等频段的辐射卫生标准；采用最大容许暴露量的概念。但卫生标准并没有包括对工频感应电磁场的场强的限定。随着社会的发展，变电站和高压线等产生工频感应电磁场的辐射源，已广泛进入人群密集区，因此有必要补充限定工频感应电磁场的场强。

6.1.1 作业场所超高频辐射卫生标准

标准规定了作业场所超高频辐射的容许限值，适用于接触超高频辐射（比如电视、计算机和医疗设备的终端显示器等）的所有作业。

超高频辐射（即超短波）系指频率为 30 ~ 300MHz 或波长为 1 ~ 10m 的电磁辐射；脉冲波是指脉冲调制所产生的超短波；连续波是指连续振荡所产生的超短波。

连续波的卫生标准限值为：一天 8 h 暴露时不得超过 $0.05mW/cm^2$(14V/m)；4h 暴露时不得超过 $0.1mW/cm^2$(19V/m)；脉冲波的卫生标准限值为：一天 8h 暴露时不得超过 $0.025mW/cm^2$(10V/m)；4h 暴露时不得超过 $0.05mW/cm^2$(14V/m)。

6.1.2 作业场所微波辐射卫生标准

标准规定了作业场所微波辐射卫生标准及测试方法，适用于接触微波辐射（比如电磁炉、雷达和对讲机等）的各类作业，不包括居民所受环境辐射及接受微波诊断或治疗的辐射。

微波是指频率为 300MHz ~ 300GHz，相应波长为 1m ~ 1mm 范围内的电磁波。在操作微波设备过程中，仅手部或脚部受辐射称为肢体局部辐射；除肢体局部外的其他部位，包括头、胸、腹等一处或几处受辐射，概称作全身辐射。功率密度表示的是微波在单位面积上的辐射功率，其计量单位为 $\mu W/cm^2$，或 mW/cm^2。平均功率密度指的是微波在单位面积上一个工作日内的平均辐射功率；日剂量表示一日接受微波辐射的总能量，等于平均功率密度与受辐射时间的乘积。计量单位为 $\mu W \cdot h/cm^2$，或 $mW \cdot h/cm^2$。

作业人员操作位容许微波辐射的平均功率密度应符合以下规定：

（1）连续波。一天 8h 暴露的平均功率密度为 $50\mu W/cm^2$；对于非 8h 工作制的，日剂量不超过 $400\mu W \cdot h/cm^2$。

（2）脉冲波（固定辐射）。一天 8h 平均功率密度为 $25\mu W/cm^2$；对于非 8h 工作制的，日剂量不超过 $200\mu W \cdot h/cm^2$。

（3）肢体局部辐射（不分连续波和脉冲波）。一天 8h 暴露的平均功率密度为 $500\mu W/cm^2$；对于非 8h 工作制的，日剂量不超过 $4000\mu W \cdot h/cm^2$。

（4）短时间暴露最高功率密度的限制。当需要在大于 $1mW/cm^2$ 辐射强度的环境中工作时，除按日剂量容许强度计算暴露时间外，还需使用个人防护，但操作位置最大辐射强度不得大于 $5W/cm^2$。

6.1.3 作业场所工频电场卫生标准

标准规定了作业场所工频电场的最高容许量及其测试方法，适用于交流输配电系统（比如高压线和变电站等）中接触电场的电力作业人员及带电作业人员。该标准要求作业场所工频电场 8h 最高容许量不超过 5kV/m。另规定：因工作需要必须进入超过最高容许量的地点或延长接触时间时，应采取有效防护措施；带电作业人员应该处在“全封闭式”的屏蔽装置中操作，或应穿包括面部的屏蔽服。

6.1.4　作业场所高频电磁场职业接触限值

标准规定了作业场所高频电磁场（频率为 100kHz ~ 30MHz，相应波长为 3×10^3 ~ 10m 范围的电磁场）的电场和磁场强度限值，适用于进行接触高频电磁场辐射（比如地铁、电车、计算机和医院医疗设备等）的各类作业，但不适用于环境辐射及作为治疗/诊断为目的的辐射。其卫生要求见表 6-3。

表 6-3　作业场所高频电场和磁场容许接触强度

频率/MHz	电场强度/$V\cdot m^{-1}$	磁场强度/$A\cdot m^{-1}$
0.1 ~ 3.0	<50	<5
3.0 ~ 30	<25	不作规定

6.1.5　环境电磁波卫生标准

标准为控制电磁波对环境的污染、保护人民健康、促进电磁技术发展而制定，适用于一切人群经常居住和活动场所的环境电磁辐射，不包括职业辐射和射频、微波治疗需要的辐射。

电磁波是指长波、中波、短波、超短波和微波；长波指频率为 100 ~ 300kHz，相应波长为 3 ~ 1km 范围内的电磁波；中波指频率为 300kHz ~ 3MHz，相应波长为 1km ~ 100m 范围内的电磁波；短波指频率为 3 ~ 30MHz，相应波长为 100 ~ 10m 范围内的电磁波；超短波指频率为 30 ~ 300MHz，相应波长为 10 ~ 1m 范围内的电磁波；微波指频率为 300MHz ~ 300GHz，相应波长为 1m ~ 1mm 范围内的电磁波；混合波段指长、中、短波、超短波和微波中有两种或两种以上波段混合在一起的电磁波。对长、中、短波和超短波电磁辐射，以伏/米（V/m）表示计量单位；对微波电磁辐射，以微瓦/平方厘米（$\mu W/cm^2$）或毫瓦/平方厘米（mW/cm^2）表示计量单位。复合场强是指两个或两个以上频率的电磁波复合在一起的场强，其值为各单个频率场强平方和的根值，可以用下式表示：

$$E = \sqrt{E_1^2 + E_2^2 + \cdots + E_n^2}$$

式中　E——复合场强，V/ m；

E_1，E_2，…，E_n——各单个频率所测得的场强，V/m。

标准以电磁波辐射强度及其频段特性对人体可能引起潜在性不良影响的阈值

为界，将环境电磁波容许辐射强度标准分为两级。

6.1.5.1 一级标准

指在该环境电磁波强度下长期居住、工作、生活的一切人群（包括婴儿、孕妇和老弱病残者），均不会受到任何有害影响的区域，新建、改建或扩建电台、电视台和雷达站等发射天线，在其居民覆盖区内，必须符合“一级标准”的要求，达到这一标准的区域称为安全区。

6.1.5.2 二级标准

指在该环境电磁波强度下长期居住、工作和生活的一切人群（包括婴儿、孕妇和老弱病残者）可能引起潜在性不良反应的区域，在此区内可建造工厂和机关，但不许建造居民住宅、学校、医院和疗养院等，已建造的必须采取适当的防护措施。超过二级标准地区，对人体可带来有害影响；在此区内可作绿化或种植农作物，但禁止建造居民住宅及人群经常活动的一切公共设施，如机关、工厂、商店和影剧院等；如在此区内已有这些建筑，则应采取措施，或限制辐射时间，达到这一标准的区域称为中间区。该标准所规定的环境电磁波容许辐射强度分级标准如表 6-4 所示。

表 6-4 环境电磁波容许辐射强度分级标准

波 长	单 位	容许场强	
		一级（安全区）	二级（中间区）
长、中、短波	V/m	<10	<25
超短波	V/m	<5	<12
微 波	$\mu W/cm^2$	<10	<40
混 合	V/m	按主要波段场强；若各波段场强分散，则按复合场强加权确定	

6.2 环保标准

环保标准由国家环境保护总局制定，主要有《电磁辐射防护规定》（GB 8702—88）、《电磁辐射环境影响评价方法与标准》（HJ/T 10.3—1996）和《500kV 超高压送变电工程电磁辐射环境影响评价技术规范》（HJ/T 24—1998）等。

6.2.1 电磁辐射防护规定

此规定适用于中华人民共和国境内产生电磁辐射污染的一切单位或个人、一切设施或设备。但规定的防护限值不适用于为病人安排的医疗或诊断照射。

此规定采用了限值的概念，要求一切产生电磁辐射污染的单位或个人，应本着“可合理达到尽量低”的原则，努力减少其电磁辐射污染水平；采用了 SAR（比吸收率）作为基本限值指标。

此规定中防护限值的适用频率范围为 100kHz ~300GHz。

6.2.1.1　防护基本限值

（1）职业照射。在每天 8h 工作期间内，任意连续 6min 按全身平均的比吸收率（SAR）应小于 0.1W/kg。

（2）公众照射。在一天 24h 内，任意连续 6min 按全身平均的比吸收率（SAR）应小于 0.02W/kg。

6.2.1.2　防护导出限值

A　职业照射

在每天 8h 工作期间内，电磁辐射场的场量参数在任意连续 6min 内的平均值应满足表 6-5 要求。

表 6-5　职业照射导出限值

频率/MHz	电场强度/$V \cdot m^{-1}$	磁场强度/$A \cdot m^{-1}$	功率密度/$W \cdot m^{-2}$
0.1 ~3	87	0.25	20
3 ~30	$150/\sqrt{f}$	$0.4/\sqrt{f}$	$60/f$
30 ~3000	28	0.075	2
3000 ~15000	$0.5/\sqrt{f}$	$0.0015/\sqrt{f}$	$f/1500$
15000 ~30000	61	0.16	10

B　公众照射

在一天 24h 内，环境电磁辐射场的场量参数在任意连续 6min 内的平均值应满足表 6-6 要求。

表 6-6　公众照射导出限值

频率/MHz	电场强度/$V \cdot m^{-1}$	磁场强度/$A \cdot m^{-1}$	功率密度/$W \cdot m^{-2}$
0.1 ~3	40	0.1	40
3 ~30	$67/\sqrt{f}$	$0.17/\sqrt{f}$	$12/f$
30 ~3000	12	0.032	0.4
3000 ~15000	$0.22/\sqrt{f}$	$0.001/\sqrt{f}$	$f/7500$
15000 ~30000	27	0.073	2

对于脉冲电磁波，除满足上述要求外，其瞬时峰值不得超过表中 6-5 和表 6-6所列限值的 1000 倍。在频率小于 100MHz 的工业、科学和医学等辐射设备附近，职业工作者可以在小于 1.6A/m 的磁场下连续 8h 工作。

另外，该标准还规定对于下列电磁辐射体无需采取防护措施：

（1）输出功率等于和小于 15W 的移动式无线电通讯设备，如陆上、海上移动通讯设备以及步话机等；

（2）向没有屏蔽空间的辐射等效功率小于表6-7所列数值的辐射体。

表6-7 可豁免的电磁辐射体的等效辐射功率

频率范围/MHz	等效功率辐射/W
0.1～3	300
>3～300000	100

6.2.2 电磁辐射环境影响评价方法与标准

此标准是依据《建设项目环境保护管理办法》以及《电磁辐射环境保护管理办法》制定的，适用于一切电磁辐射项目的环境影响评价。其评价范围包括以下五种设备：

（1）功率大于200kW的发射设备。以发射天线为中心、半径为1km范围全面评价，如辐射场最大处的地点超过1km，则应在选定方向评价到最大场强处和低于标准限值处。

（2）其他陆地发射设备。评价范围以天线为中心：发射机功率$P>100$kW时，其半径为1km，发射机功率$P\leqslant100$kW时，半径为0.5km。

对于有方向性天线，按天线辐射主瓣的半功率角内评价到0.5km，如高层建筑的部分楼层进入天线辐射主瓣的半功率角以内时，应选择不同高度对该楼层进行室内或室外的场强测量。

（3）工业、科学研究、医疗电磁辐射设备。如高频热合机、高频淬火炉、热疗机等评价范围为：以设备为中心的250m。

（4）对高压输电线路和电气化铁道。评价范围以有代表性为准，对具体线路作具体分析而定。

（5）对可移动式电磁辐射设备。一般按移动设备载体的移动范围确定评价范围。对于陆上可移动设备，如可能进入人口稠密区的，应考虑对载体外公众的影响。

评价参照的标准主要分为如下两类：

（1）公众总的受照射剂量。公众总的受照射剂量包括各种电磁辐射对其影响的总和，即包括拟建设施可能或已经造成的影响，还要包括已有背景电磁辐射的影响。总的受照射剂量限值不应大于国家标准《电磁辐射防护规定》的要求。

（2）单个项目的影响。为使公众受到总照射剂量小于《电磁辐射防护规定》的规定值，对单个项目的影响必须限制在《电磁辐射防护规定》限值的若干分之一。在评价时，对于由国家环境保护局负责审批的大型项目可取《电磁辐射防护规定》中场强限值的，或功率密度限值的1/2。其他项目则取场强限值的，或功率密度限值的1/5作为评价标准。

6.2.3　500kV 超高压送变电工程电磁辐射环境影响评价技术规范

此规范根据国家环境保护局的《电磁辐射环境保护管理办法》及《辐射环境保护管理导则电磁辐射环境影响评价方法与标准》（HJ/T 10.3—1996）制定，适用于500kV 超高压送变电工程电磁辐射环境影响的评价。

此规范规定：以送电走廊两侧 30m 带状区域、变电所址为中心的半径 500m 范围内区域为工频电场、磁场的评价范围；以送电线路走廊两侧 2000m 带状区域、变电所围墙外 2000m 或距最近带电构架投影 2000m 内区域为无线电干扰评价范围。

此规范规定：公众总受照剂量（包括已有电磁辐射背景影响和拟建项目设施可能或已经造成影响之和）不应大于国家标准《电磁辐射防护规定》（GB 8702—1988）的规定。对于单个项目的影响可取上述标准中场强限值的或功率密度限值的 1/2。

对于高压送电线路的无线电干扰限值根据国家标准《高压交流架空送电线无线电干扰限值》（GB 15707—1995）规定在距边界导线投影 20m 距离处、测试频率为 0.5MHz 的晴天条件下不大于 55dB（μV/m）。

6.3　设备电磁干扰和电磁兼容的控制标准

电磁干扰是由电磁骚扰引起的后果，所谓电磁骚扰是指任何可能引起装置、设备或系统性能降低或者对有生命或无生命物质产生损害作用的电磁现象。它可能是电磁噪声、无用信号或传播媒介自身的变化，它可能引起设备或系统降级或损害，但不一定会形成后果。

我国在 20 世纪 80 年代后期开展电磁干扰方面的标准化工作，已完成了与国际电工委员会（IEC）相对应的国家标准数十项的制定。由于大部分相关测试数据及测试仪器由国外先进国家早期开展研发获得，我国的电磁兼容标准大部分是参考甚至直接引用 IEC 的相关标准。比较典型的有《信息技术设备的无线电骚扰限值和测量方法》（GB 9254—2008）和《工业、科学和医疗（ISM）射频设备电磁骚扰特性的限值和测量方法》（GB 4824—2004）。

6.3.1　工业、科学和医疗（ISM）射频设备电磁骚扰特性的限值和测量方法

此标准规定了 9kHz ~ 400GHz 频率范围内射频骚扰的限值和测量方法，亦适用于工作在工科医频段 2.45GHz 和 5.8GHz 的工科医（ISM）照明设备。

工科医设备是指为工业、科学、医疗、家用或类似目的而产生和（或）使用射频能量的设备或器具，但不包括应用于电信、信息技术和其他国家标准涉及的设备。

我国工科医设备分为以下两组：1 组工科医设备，指的是为发挥其自身功能的需要而有意产生和（或）使用传导耦合射频能量的所有工科医设备；2 组工科医设备，包括放电加工（EDM）和弧焊设备，以及为材料处理而有意产生和（或）使用电磁辐射射频能量的所有工科医设备。工科医设备还可分为以下两类：A 类设备，指的是非家用和不直接连接到住宅低压供电网设施中使用的设备；B 类设备，指的是家用设备和直接连接到住宅低压供电网设施中使用的设备。1 组与 2 组、A 类和 B 类的限值均有区别。

6.3.2 信息技术设备的无线电骚扰限值和测量方法

制定此标准的目的是既保护无线电广播和电信业务，又允许其他设备在合理的距离处按预定的要求工作，适用范围为整个无线电频率范围 9kHz ~ 400GHz。信息技术设备主要功能是对数据和电信消息进行录入、存储、显示、检索、传递、处理、交换或控制（或几种功能的组合），可以配置一个或多个通常用于信息传递的终端端口，额定电压不超过 600V。信息技术设备分为 A 级和 B 级两类，其限值有区别。B 级信息技术设备主要用于生活环境中，包括不在固定场所使用的设备，例如由内置电池供电的便携式设备；通过电信网络供电的电信终端设备；个人计算机及相连的辅助设备。A 级信息技术设备是指满足 A 级限值但不满足 B 级限值要求的那类设备。

第7章　电磁辐射的防护

针对电磁辐射污染和保障公众安全，目前已有许多国家对有关产生电磁辐射的电子设备采取措施。如移动电话，日本邮政省已决定拨款15亿日元专门研究移动电话电磁波对人体的影响；欧洲国家安全部门也已发布有关标准，指令各生产商将移动电话的发射功率降低到目前电话功率的1/30；我国也先后出台了《电磁辐射防护规定》（GB 8702—1988）、《作业场所微波辐射卫生标准》（GB 10436—1989）、《环境电磁波卫生标准》（GB 9175—1988）等电磁辐射防护标准。这一切都说明各国政府对电磁辐射污染及其防治措施非常重视。然而，随着生活水平的提高，工作环境的改善，一些高辐射产品如计算机、复印机、激光打印机、手机、微波炉等的普及，电磁辐射污染正给我们的生活和工作环境带来前所未有的压力，因此我们更应该做好电磁辐射污染的防护工作。

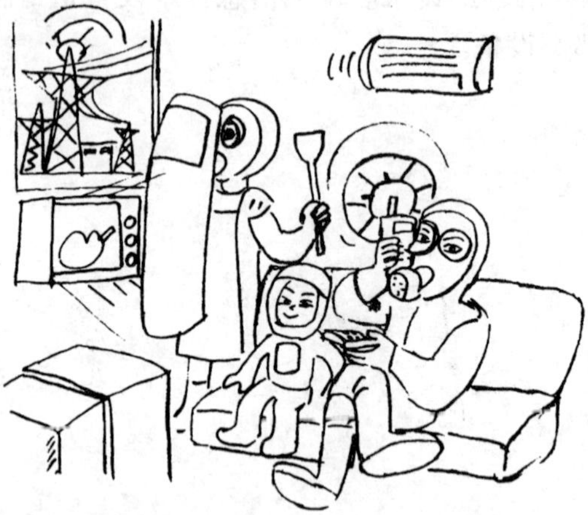

图7-1　电磁辐射防护完全到位的居民

7.1　电磁辐射防护原理与技术

电磁辐射防护的出发点就是要减少电磁辐射对人们正常生活的影响，更重要的是，要减少其对人们身体健康的危害。电磁辐射防护关键技术包括屏蔽防护技术、接地防护技术、吸收防护技术、距离防护技术以及个人防护技术。

7.1.1 屏蔽防护技术

在物理学中，为防止外界的场（包括电场、磁场、电磁场）进入某个需要保护的区域的过程，称为屏蔽。屏蔽是防止电磁辐射的关键，是降低电磁污染确实可行的有效方法之一。屏蔽的目的在于防止电磁场的影响，使其辐射强度控制在允许的范围之内。

屏蔽分为静电屏蔽、静磁屏蔽、电磁屏蔽三种。这三种屏蔽是依据不同的物理原理，利用屏蔽壳上因外场产生的感应效应来抵御外场的影响，从而为“保护区”设立了屏障，抑制了外界的干扰。

7.1.1.1 静电屏蔽原理

将导体 A 放入电场 $\boldsymbol{E}$ 中，导体 A 内的电子在 $\boldsymbol{E}_0$ 的作用下移动。导体两端积累正、负电荷。因此产生一个附加电场 $\boldsymbol{E}'$ 并与 $\boldsymbol{E}_0$ 反向，此导体 A 内的总场强为：

$$\boldsymbol{E} = \boldsymbol{E}' + \boldsymbol{E}_0$$

而我们所讨论的为静电学问题，有 $\boldsymbol{E}$ 存在，便有力存在。因此只有导体内部总场强 $\boldsymbol{E}=0$ 时，导体内电子不再发生移动，此状态称为导体静电平衡状态。

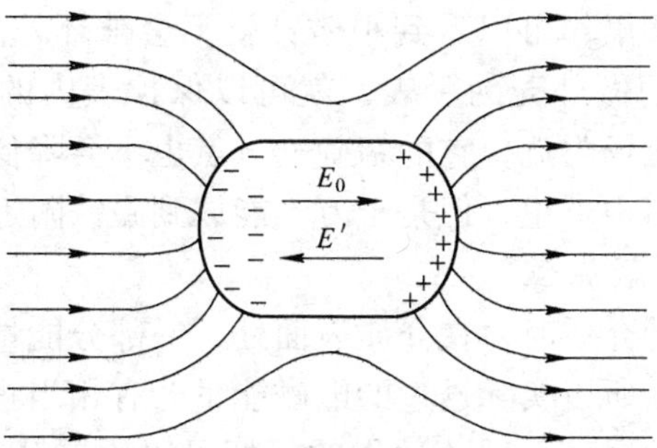

图 7-2 静电屏蔽原理

在此状态下，导体的主要特性有两点：（1）导体内部场强处处为零，导体是一个等势体，导体表面是个等势面。（2）导体内部没有未被抵消的净电荷，电荷只分布在导体的外表面。导体内不具有电荷，即使有电荷也很快消失，跑到导体的表面上。因此在孤立导体内不可能有电场，整个导体电势相等，形成一等势体。如果这个导体是中空的，当它达到静电平衡时，内部也将没有电场。这样，导体的外壳就会对它的内部起到“保护作用”，使它的内部不受外部电场的影响，这种现象称为静电屏蔽。

在生产实践中，静电屏蔽的应用实例很多，如身穿高压作业服的人，由于被铜丝编织的衣服所包裹，人体内的场强保持为零，因此没有电流从人体中流过，人体是安全的。不过在作业者刚刚接触高压线的一瞬间，高压服上的电荷有一个瞬时分布的过程，在这一极小的时间内，人体上会有短暂的微弱电场作用，只要作业者经受住了这一考验，就没有多大困难了。

7.1.1.2　静磁屏蔽原理

静磁屏蔽的目的是防止外界的静磁场和低频电流的磁场进入到某个区域，这时必须用磁性介质作外壳。静磁屏蔽的原理是：在外界磁场的作用下，磁性介质外壳受到感应，发生磁化，使得合成以后的总磁场，在磁性介质中明显加强，而在其周围则明显减弱（或者说磁感线大部分从磁性介质中穿过），尤其是封闭外壳的内部，磁场减弱更明显。但是从理论上讲，静磁屏蔽作用是不完全的，即使是封闭外壳，其内部磁场也并不能真正等于零。总有一些磁场要漏进屏蔽罩内或者跑出屏蔽罩外。磁性介质外壳的厚度和磁导率对屏蔽效果有很明显的影响：外壳越厚、磁导率越高，屏蔽的效果就越好。因此，要达到好的屏蔽效果，必须选用磁导率高的材料，如坡莫合金（一种铁镍合金）、硅钢片等，而且不可太薄。

静磁屏蔽在日常生活中有着广泛的应用。例如，我们知道机械手表里的机芯都是钢制的。如果手表放在磁铁附近，钢制机芯就会磁化，手表就会停止不走。因此，手表需要外罩一种能防御磁力，使磁场透不过的物质。有意思的是，能够遮住外磁场的物质，原来就是容易磁化的铁本身。为了证明这一点，你可把一个小指南针放在一个铁环里，可以看到小磁针就不会被环外的磁铁吸引了。所以，如果你有一块用铁或钢做外壳的手表，就可以保护表内的钢制机件不受磁力影响。即使将表放在强磁场附近，它的精确度一点也不会降低。至于用金或银做外壳的金表和银表，虽然很贵重，但是千万不能放到磁铁附近，因为它不能防磁。

7.1.1.3　电磁屏蔽原理

当电磁场穿越一种介质时，在介质表面处，一部分能量会被反射，另一些能量会消耗在介质内部，所以实际透过的电磁能量会有相当程度的衰减，因此介质层便形成了对电磁场的屏蔽。屏蔽效果的好坏可以用屏蔽效能 S_E 来度量，工程应用中的屏蔽效能的表达式为：

$$S_E = A + R + B$$

式中，A 是电磁波在介质中传输的吸收损耗，R 是电磁波在介质表面的反射损耗，B 是电磁波在介质内部多次反射的损耗。其中吸收损耗 A 与屏蔽材料厚度成正比，磁导率、电导率越高的材料，其吸收损耗也越大。反射损耗 R 随着电导率的升高而增大，因此金、银、铜等良导体金属材料都具有良好的反射特性。

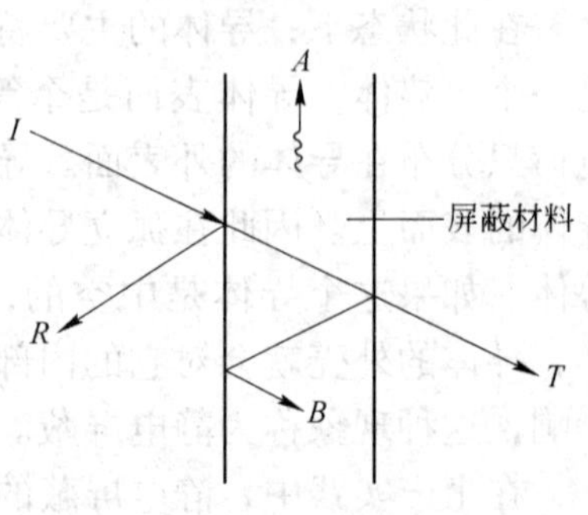

图 7-3　屏蔽对入射波衰减

电磁屏蔽效能常用分贝数(dB)度量。多次

反射损耗 B 在 $A>10\text{dB}$ 时，一般可以忽略不计。另外在频率较低时，屏蔽效能以 R 为主，在频率较高时，A 会起主导作用。

根据实际需要，大多数电子产品的屏蔽材料处在 30～1000MHz 的频率范围内，其 S_E 值至少要达到35dB 以上，才可以认为是有效屏蔽（表 7-1）。

表 7-1 屏蔽效果评价

屏蔽效能/dB	<10	10～30	30～60	60～90	>90
屏蔽效果	无（差）	较差	中等	良好	优

电磁屏蔽的种类包括两大类：一类为主动场屏蔽，另一类为被动场屏蔽。

（1）主动场屏蔽。这类屏蔽将电磁场作用限定在某个范围以内，使其不对这一范围以外的物体产生影响。该类屏蔽的特点为：场源与屏蔽体间距小，所要屏蔽的电磁辐射强度大，屏蔽体结构设计要严谨，屏蔽体要妥善地进行接地处理。

（2）被动场屏蔽。这类屏蔽对某一指定的空间进行屏蔽，使得在这一空间以外的电磁场源对这一空间范围内的物体不产生电磁干扰和污染；该类屏蔽的特点为：屏蔽体与场源间距大，屏蔽体可以不采用接地处理。

但无论是主动场屏蔽，还是被动场屏蔽，均是利用了屏蔽材料的吸收衰减与反射衰减效应。

当电磁波射入金属屏蔽体时，将在金属体内部引起吸收衰减。电磁强度 E 与磁场强度 H 在金属体中传播均按指数规律迅速衰减（即按 $e^{-\partial z}$ 变化），其衰减速度取决于衰减常数 ∂。∂ 越大，则说明电磁波在金属体中衰减得越快，从而深入到金属球内部的深度就越浅。这就是吸收衰减。为了说明吸收衰减的程度，一般引入渗透深度，即透入度的概念。透入度的定义为：电磁场在金属体中，其场强值衰减到起始值的37%$\left(或\frac{1}{e}\right)$时的渗透深度。它的代表符号为 δ，在高频条件下，δ 值很小的，一般在百分之几毫米到千分之几毫米，这就说明电磁场在金属导体中只能穿透很浅的深度。所以，在某些情况下，设计使用厚度大于 δ 的金属板进行电磁屏蔽，利用吸收衰减是可以将高频辐射场强抑制在允许的范围之内的。

当电磁辐射从空气介质射入金属屏蔽表面时，电磁波将在两种介质的接触面上发生反射效应，这就是反射衰减。衰减幅度取决于空气阻抗和金属体固有阻抗的匹配情况。阻抗匹配是微波电子学里的一部分，主要用于传输线上，主要目的是使高频的微波信号传至负载点，并且使信号不反射回源点，从而提高效率。因此，空气阻抗和金属体固有阻抗的不匹配程度越大，反射衰减也就越大。

电磁屏蔽室是一种专门用于衰减，隔离来自内部或外部电场、磁场能量的建筑空间体。电磁屏蔽室是抑制电磁辐射，防止电磁污染的一种极为有效的技术手段。一座高效能的屏蔽室，一般认为能够抑制一定数量的电场、磁场或电磁场。

通常，屏蔽室所需要的屏蔽效能因用途的不同而有所差异，达到 100dB 数量级的屏蔽效能完全可以满足绝大多数情况下的屏蔽要求。

屏蔽室的设计必须遵守如下原则：

(1) 屏蔽室要有足够的屏蔽效能。一般来讲，近场人员防护用屏蔽室的屏蔽效能估算为 102 ~ 105dB；工业干扰防护用屏蔽室的屏蔽效能估算为 105 ~ 108dB；

(2) 屏蔽室的空间大小与设置方位应根据射频设备的功率、输出形式、作业条件和现场环境而定，一般情况下屏蔽与射频设备的间距不应小于 2 ~ 3m，且屏蔽室与设备间的间距均等。

(3) 屏蔽室的结构为六面体，各屏蔽部件间的电气连接性能良好，严防漏场现象的发生。

(4) 屏蔽室的电源线设计要合理。进入屏蔽室的电源线、通信信号线等导体都会夹带传导电磁干扰，必须有相应的滤波器加以滤除。为了防止射频能量通过电源线传播与辐射，必须在线路上加低通滤波器，低通滤波器是一种允许低于截止频率的信号通过，但高于截止频率的信号不能通过的电子滤波装置。

(5) 屏蔽室应设有必要的出入口、通风与照明设施，这些部分要妥善处理，最大限度地减少电磁泄漏。

(6) 屏蔽室应有良好的耐腐蚀性和足够的机械强度，其安装方便、造价低廉。

7.1.2　接地防护技术

7.1.2.1　接地的原理

所谓接地就是在电磁辐射源的一个点和大地之间或者是与大地可以看做是公共点的某些金属构件之间，用低电阻的良导体连接起来。

7.1.2.2　接地的目的

为了防止电磁辐射，将射频设备外壳或馈线屏蔽层用专门导体接地，给高频率的干扰电压提供低电阻的通路。可以避免或减小电磁辐射污染，保护人体健康也可以防止设备、可燃性物质的引燃引爆。

7.1.2.3　接地的原则

射频电磁场的屏蔽与接地，既有电场的屏蔽接地问题，又有磁场屏蔽不接地的问题。那么应当如何处理呢？一般来看在电磁感应近区场里，若电压大、电流小，则主要呈现电场作用，可以采取屏蔽接地为主的方案；若电压小、电流大，则主要呈现磁场作用，以实施屏蔽不接地的方案为好。至于在具体条件下，应视现场实测结果给予综合考虑。

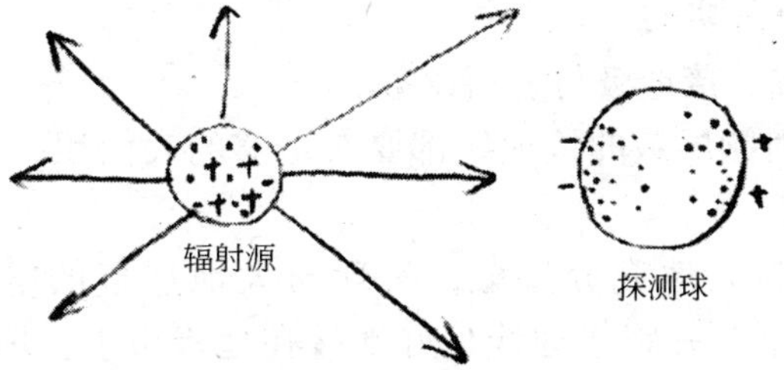

探测球未加屏蔽层故而受辐射电场影响电荷产生移动

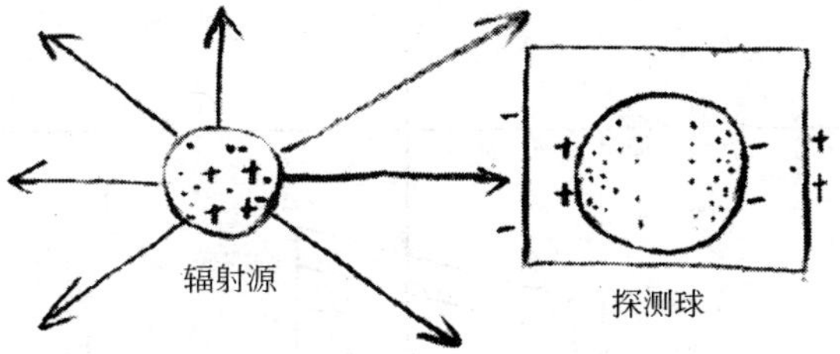

探测球外部增加未接地的屏蔽层，仍受外电场影响产生电荷移动

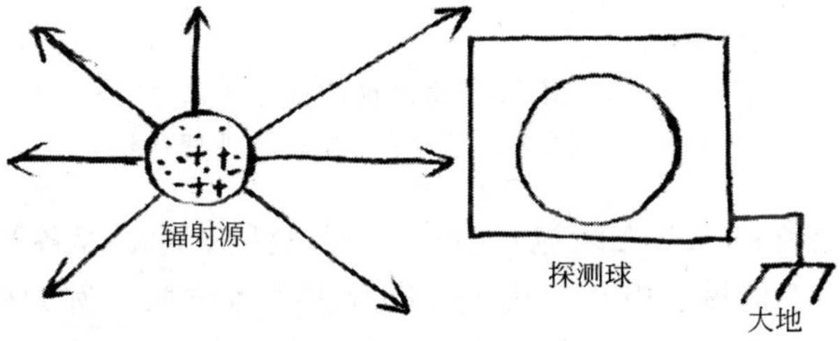

探测球外部屏蔽层接地，探测球不再受外电场影响

图 7-4　电磁屏蔽的原理

7.1.2.4　接地的要求

（1）为了使感应电流迅速被引流，要求屏蔽体的接地系统表面积要足够大。

（2）为了保证接地系统具有相当低的射频阻抗，接地线要尽量地短，一般接地线的电阻要小于 4Ω。

（3）为了保证接地系统的作用良好，要求接地线的长度应避开波长 1/4 的奇数倍。

（4）接地方式有埋铜板、埋接地棒、埋格网等形式，无论采用何种形式，都要求有足够的厚度，以维持一定的机械强度和耐腐蚀。

（5）埋接地极时，必须埋置足够的深度，以免土壤中水分蒸发而引起接地阻抗变化，同时要把接地极周围的松土夯实，埋些金属屑等。

7.1.2.5　接地设计与实施

接地系统包括接地线、接地极与射频设备。

（1）接地线：任何射频屏蔽的接地线都要有足够的表面积，要尽可能地短，以宽为 10cm 的铜板为佳。

（2）接地极：就是与大地充分接触，实现与大地连接的电极。一般是将 1.5 ~ $3m^2$ 的铜板埋在地下，并将接地线良好地接在地极板上。埋置的方式有立埋、横埋和平埋三种。

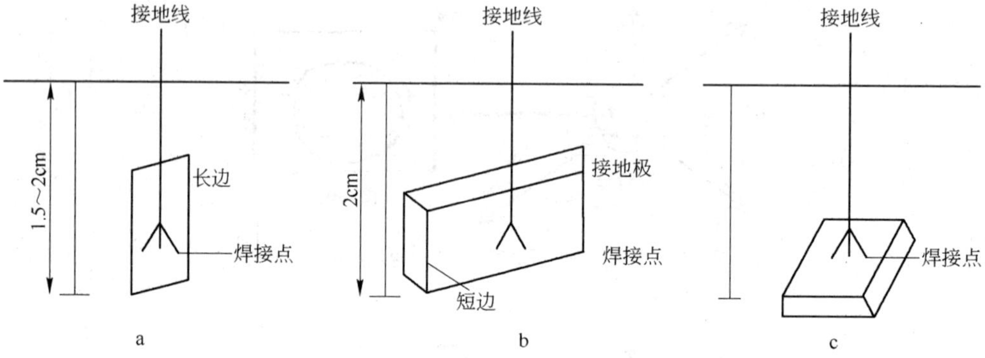

图 7-5　接地极埋置方式

a—立埋方案；b—横埋方案；c—平埋方案

（3）射频设备：包括无线电广播、电视、微波通信等各种射频设备，射频设备已广泛应用于机械、电子、冶金、医疗卫生各领域。例如机械上常用于热合加工的高频塑料热合机以及高频焊接管设备等。

7.1.2.6　接地作用与效果

（1）直接接地与屏蔽效果的关系。在中波波段，直接接地反映在电场屏蔽上对屏蔽效能的影响极大，接地的屏蔽效能与不接地的屏蔽效能比较，相差 30dB 以上。在短波波段，尤其是 20 ~ 30MHz 频率范围，接地作用不甚明显，而微波的屏蔽接地的问题不突出。

（2）接地极与接地极之间的屏蔽效应。在实践工作中，若采用多根金属棒作接地极或采用几块金属板作接地极时，要注意它们之间存在的相互屏蔽效应。一般保持棒与棒或板与板之间的距离 3 ~ 5m 为好。

7.1.3　吸收防护技术

吸收防护技术是指利用特定的吸收材料将电磁辐射能量吸收掉以降低电磁辐射强度的一种技术。采用吸收材料对高频段的电磁辐射，特别是微波辐射，吸收效果良好。因此，一般多用在微波设备的调试上。调试微波设备时，要求在场源附近就能把辐射能量大幅度地衰减下来，以防止对较大范围的空间产生污染。吸收材料可由在塑料、橡胶、胶木、陶瓷等材料中加入铁粉、石墨、木炭和水等制成。此外，将吸收材料与屏蔽材料叠加组合可制成防护板、防护屏风，防止微波辐射的定向传播。在此值得一提的是吸波建筑材料的研究。随着各种家用电器进入千家万户，人们接触和暴露于由家用电器产生极低频磁场的机会逐步增多，电磁辐射水平有明显增加趋势。面对日趋恶化的电磁污染，为有效降低电磁辐射对人体和设备的侵害，人们采用了许多方法，其中，研究开发防电磁建筑材料越来越受到人们的重视。这些材料包括能吸收电磁辐射的油漆、防电磁辐射水泥、防电磁玻璃和电磁波涂料等。

图 7-6　绿色植物能够有效降低电磁辐射

不同的材料对微波能量的吸收效果不同，比如，我们住房用砖墙在电磁辐射波段频率为 1300 ~ 9200MHz 时，可以使屏蔽效能衰减 11.4 ~ 20.5dB。表 7-2 给出了其他几种不同建筑物用材料的微波吸收性能。

表 7-2　不同材料的吸收性能

材料分类	相应频率/MHz	衰减/dB
木结构建筑物	1300	2.0
	2800	3.1
	9200	1.3
矿渣砖墙	1300	11.4
	2800	14.5
	9200	20.5
铜丝网	1300	20
	9200	24

7.1.4 距离防护技术

根据近场区电磁强度与距离的平方成反比的规律，在近场区内，电场强度会随距离的增加而迅速减少。根据此原理，在条件允许的情况下，可以对生产工艺和流程进行合理的改造，实行远距离控制，充分利用空间的自然衰减而实现防止电磁污染的目的。在某些实际条件允许的情况下，这是一项简单可行的防护方法。应用时，可简单地加大辐射体与被照体之间的距离，比如在使用手机的过程中，尽量远离手机辐射场，可以利用耳机、麦克风与主机间的导线使发射天线远离头部，从而最大限度减少手机辐射对人体的危害；眼睛离电视荧光屏的距离，一般为荧光屏宽度的 5 倍左右；微波炉在开启之后要离开至少 1m 远，孕妇和小孩应尽量远离微波炉；对于一个 110kV 的变电站输电高架线而言，它的保护区域是线外 10m 范围，换言之，只要在距离电线 10m 远之外的地方，电磁辐射的安全是有保证的。而对于 220kV 和 500kV 的输变电系统电线，其保护区域分别是 15m 和 20m。除此之外，也可采用机械化或自动化作业，减少作业人员直接进入强电磁辐射区的次数或工作时间。

7.1.5 个人防护技术

除此之外，加强个人防护同样不容小觑。我们在平时工作和日常生活中，应自觉采取措施，减少电磁波对自身的危害。

（1）不要把家用电器摆放得过于集中，或经常一起使用，以免使自己暴露在超剂量辐射的危害之中。特别是电视、电脑、冰箱等电器更不宜集中摆放在卧室里。

（2）各种家用电器、办公设备、移动电话等都应尽量避免长时间操作。如电视、电脑等电器需要较长时间使用时，应注意至少每 1h 离开一次，采用清洗脸部、远眺远方或闭上眼睛的方式，以减少所受电磁辐射影响和眼睛疲劳程度。

（3）当电器暂停使用时，最好不要让它们处于待机状态，因为此时可产生较微弱的电磁场，长时间也会产生辐射积累。

（4）以下人员，有条件的应配备专业的电磁辐射防护服装，并佩戴电磁辐射防护卡或电磁辐射防护眼镜，将电磁辐射最大限度地阻挡在身体之外：居住、工作在高压线、变电站、电台、电视台、雷达站、电磁波发射塔附近的人员；佩带心脏起搏器的患者；经常使用电子仪器、医疗设备、办公自动化设备的人员；以及生活在现代电气自动化环境中的人群，特别是抵抗力较弱的孕妇、儿童、老人及病患者。

7.2 电磁辐射抑制材料

电磁辐射抑制材料大体可分为两大类：一是电磁屏蔽材料；二是电磁吸收材料。第一类主要是利用金属纤维对电磁波的反射功能，当电磁波辐射在材料表面上时，织物中的金属纤维可将其部分反射回去，减少了电磁波的透过量。第二类是织物表面有一层吸波材料，如铁氧体、某些复合材料以及部分导电材料等，这些材料的涂覆可以使电磁波得到吸收。但是综合比较而言，通过对织物涂覆吸波材料来吸收电磁波的方法存在较多的缺点，如受外界环境的影响或耐洗涤性差等。而使用金属纤维反射法则可避免这些缺陷的产生。

7.2.1 电磁屏蔽材料

7.2.1.1 电磁屏蔽材料的发展历程

电磁辐射屏蔽材料从无到有，已历经70多年的时间。在20世纪70年代以前，就已开发了金属丝混编织物和金属纤维混纺织物，但织物厚、重、不耐折。到了20世纪70年代，研制成了化学镀银织物、金属涂层织物、金属膜复合织物以及真空镀金属织物等，但其透气性差，手感硬，屏蔽电磁波功能不理想。80年代出现了化学镀铜织物、化学镀镍织物和硫化铜织物等，但它们都只能屏蔽某一波段的电磁波，屏蔽性能还称不上优良。这是因为性能良好的电磁屏蔽材料应具有较高的电导率及磁导率。铜、铝等金属或合金是电的良导体，对高阻抗电场有很好的屏蔽作用，但对低阻抗磁场的屏蔽却不够理想；而铁则对低阻抗磁场有很好的屏蔽作用。因此为了在较宽广的频率范围内都有好的屏蔽作用，电磁屏蔽材料应是高电导率及高磁导率材料的组合。另外随着人们安全、舒适、美观意识的增强，对屏蔽织物材料又提出了新的要求，仅靠以前的单一金属化织物已难以达到理想的屏蔽效果，从20世纪90年代至今，国内外先后又研制开发出了复合镀金属织物、合金镀层喷镀织物、溅射镀金属织物、多元素织物、多离子织物、多功能织物、合成导电高分子织物和纳米材料织物等一系列相关防护材料，用以满足不同环境、不同群体的需求。

7.2.1.2 表层导电型屏蔽材料

A 导电涂料

导电涂料是用金属粉末、炭黑等导电填料与各种合成树脂混合制成的，涂敷于塑料表面。常见的导电填料有银、镍、铜、银铜及炭黑等。导电涂料用作电磁屏蔽的最大优点是简单实用而适用面较广。部分电磁屏蔽用导电涂料的一般特性列于表7-3。

表7-3 部分导电涂料性质

特性	银粉/丙烯酸（D-500）	银铜粉/丙烯酸（CPX-5）	镍粉/丙烯酸（PN-101）	炭黑/丙烯酸（XC-12）
相对密度	2.6~3.6	1.8~2.0	1.8~2.0	0.8~1.2
体积电阻率/Ω·cm	$5\times10^{-5}\sim10^{-4}$	$<5\times10^{-4}$	$<5\times10^{-3}$	5×10^{-2}
连续使用温度/℃	-50~100	-50~85	-50~85	-50~100
屏蔽效果/dB	45~65	30~60	30~60	20~50

电磁屏蔽用导电涂料发展很快，在国外已有许多品种商品化，其中绝大多数是镍粉、铜粉、银粉以及炭黑等填充性的导电涂料。国内已有一定的导电涂料研究基础，但未形成名牌产品，涂料在屏蔽效能、物理性能和环境性能上也存在着许多问题，且生产施工环境较为恶劣。

银系的导电性最高，体积电阻率可达 $10^{-5} \sim 10^{-4}\Omega \cdot cm$,具有优良的屏蔽性能，但由于价格昂贵，除在特殊要求的领域外，一般应用不多。碳系虽然成本低廉，但导电性差，体积电阻率为 $10^{-3} \sim 10^{-2}\Omega \cdot cm$,一般用作防静电涂层，很少用作电磁屏蔽涂层。镍系是 20 世纪 70 年代初由美国首先开发的，起初是一种军用涂料，目前已广泛使用，仅 1986 年，其在美国的消耗量就达 1500 ~ 2000t。四川大学管登高等根据电磁波屏蔽材料对电磁波作用原理，用镍粉和金属纤维作为复合填料，以丙烯酸树脂作为黏结剂，制备了一种能屏蔽电磁波的复合材料，并将其应用在有线电视网和电子工作间。该材料在射频段将有线电视传输网设备中的干扰场降低了 40% ~ 50%，在电子工作间的屏蔽效能达到 30 ~ 50dB。铜系电涂料导电型强于镍系，体积电阻可达 $10^{-4}\Omega \cdot cm$,价格低廉，但是新制备的铜粉表面会迅速形成 Cu_2O 和 CuO 薄膜，使其导电性迅速下降，甚至不导电。因此铜粉防氧化技术是制备导电性能稳定的铜系导电涂料的关键技术。

B　金属敷层屏蔽材料

金属敷层屏蔽材料是通过金属熔射法、真空镀金法、阴极溅射法、非电解电镀法等使高分子绝缘材料的表面获得很薄的导电金属层，从而达到电磁屏蔽的目的。这种材料屏蔽性能好，但工艺复杂、技术要求高、受各种条件限制、价格昂贵，而且有的金属有毒等，因此目前应用不广（见表 7-4）。

表 7-4　表面敷层薄膜材料的性能特点

工艺方法	膜厚/μm	屏蔽效能/dB
磁控溅射 Cu/Ni 膜	1.00 ~ 4.00	80 ~ 110
熔射镀金属 Zn	50.8	60 ~ 120
双面化学镀 Cu/Ni 膜	1.27	60 ~ 120
真空镀 Al	0.50 ~ 1.30	50 ~ 70
贴金属箔	35.0	70 以上

7.2.1.3　填充复合型屏蔽材料

这类材料是采用导电填料与塑料等成型材料填充复合而成的。导电填料一般选用导电性能优良的纤维状、网状、树枝状或片状材料，常用的有金属纤维、碳纤维、镀金属纤维、超细炭黑、云母片、金属片等；成型材料常用合成树脂类材料，如聚苯醚、聚碳脂酸、ABS（丙烯腈-苯乙烯-丁二烯共聚物，一种强度高、韧性好、易于加工成型的热塑型高分子材料）、尼龙和热塑性聚酯等。填充复合型屏蔽材料是继表层导电型材料之后推入市场的新型材料，大有后来居上之势。目前美国、英国和日本等国家已经开发了大量的此类屏蔽材料。

（1）金属纤维填充型屏蔽材料。金属纤维填充型屏蔽材料的屏蔽效果取决于导电填料的导电性及它们之间的相互接触程度，用金属纤维填充的复合材料具有较好的电磁屏蔽效果、机械力学性能和导热性能。是一类很有发展前途的电磁屏蔽材料，但金属纤维填充复合型屏蔽材料的缺点是在成型过程中易产生缠绕折断，而且密度大、价格贵。

（2）碳纤维填充型屏蔽材料。碳纤维具有优良的导电性，早期研究中碳纤维只是作为树脂增强体加入，添加的碳纤维表面改性和化学掺杂改善其电磁屏蔽性能，并取得了一定进展。日本崎埠大学元岛二教授等研制的螺旋碳纤维“carbon microcoil”，在较宽频段内有较高吸收率。在碳纤维表面镀镍等金属使其金属化，获得的碳纤维镀金属均匀、致密、结合力好，并具有良好的电磁特性。这种材料具有良好的导电性和电磁屏蔽性能。

（3）超细粉末填充型屏蔽材料。要使材料具有良好的屏蔽效果，加入的填料的填充量需较高，但同时会使屏蔽材料的机械强度与成型加工性能都会受到影响。近年来，美国已开发出一些超细炭黑，可用于制造电磁屏蔽材料。如 Cabot 公司的“Super-conductive”炭黑和哥伦比亚化学公司的“Conductex40-220”炭黑。日本三菱人造丝公司研制的超细炭黑/聚丙烯（PP）复合材料，其密度为 1.18g/cm^3，其屏蔽效果达到 40dB，被誉为世界上最轻的电磁屏蔽材料。

7.2.1.4 纳米屏蔽材料

作为一种新型的电磁屏蔽材料，纳米材料的屏蔽特性越来越成为研究热点，纳米材料是指尺寸在 1～100nm 之间的微粒构成的材料。纳米材料因其特殊结构而具有奇异的表面效应和体积效应，将特殊纳米材料与其他屏蔽材料复合得到的新型纳米复合屏蔽材料具有吸收频带宽、多功能、质量轻、厚度薄等优点，是一种很有发展前景的电磁屏蔽材料。

7.2.1.5 非晶型电磁屏蔽材料

非晶型屏蔽材料是利用在原始屏蔽体上增加一层一定厚度的非晶态物质。俄罗斯中央黑色冶金研究院经试验成功地研制出非晶软磁合金电磁屏蔽材料，该材料在 10kHz～30MHz 范围内的屏蔽效果尤其良好。他们借助于电解沉积方法使这种合金沉积在坡莫合金和钢板上，形成的厚度一般是 10～20μm，拥有较高的电磁场衰变能力的 Ni/P 非晶镀层。

通过非晶态物质的特殊性质和原来屏蔽体复合后达到较好的电磁屏蔽效能。非晶态合金材料具有高强度、高硬度、高延展性等机械性能，耐腐蚀性好，还具有较好的催化及储氢特性，抗辐照能力强，可以形成一系列性能优良的软磁材料。非晶态合金材料无论在理论上还是在应用开发方面都取得了丰硕成果，作为电磁屏蔽材料则是非晶态合金应用的新领域。

7.2.2　电磁吸收材料

7.2.2.1　电磁吸收材料的发展历程

电磁吸收材料的研究最初源于发展隐形技术的需要。早在第二次世界大战期间，德、美、英等国出于各自的军事目的，针对雷达电子侦察反侦察，开始对电磁吸收材料进行了大量探索。当时研制的 Juman 型吸波材料为电阻型和电介型，厚达 7.62m，至今仍被生产和使用着。随后美国于 20 世纪 60 年代开始把吸波材料，即“隐形”飞机技术应用于各种机型的战斗机上。80 年代美国政府投资 25 亿美元从事这一课题研究。随着海湾战争 F-117 隐形飞机成功的轰动效应，目前世界各国正投巨资加大对吸波材料研究和应用研究的力度。当前，吸波材料的应用目的已远远超出军事领域，解决环境电磁污染已成为人们研究的新热点。

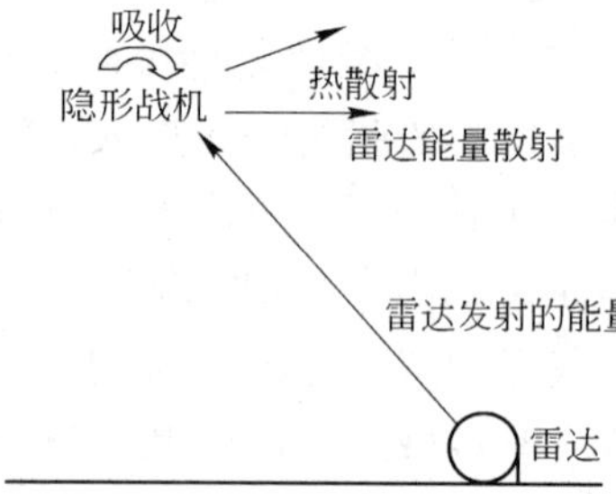

图 7-7　隐形飞机的原理

图 7-8　美国首代隐形战斗机 F-117

电磁吸收材料指能吸收、衰减入射的电磁波，并将其电磁能转换成热能耗散掉或使电磁波因干涉而消失的一类材料。吸波材料由吸收剂、基体材料、黏结剂、辅料等复合而成，其中吸收剂起着吸收衰减电磁波能量的主要作用。电磁吸收材料可分为传统吸波材料和新型吸波材料。

7.2.2.2　传统吸波材料

传统的吸波材料按吸波原理可分为电阻型、电介质型和磁介质型。电阻型吸波材料的电磁波能量损耗在电阻上，吸收剂主要有碳纤维、碳化硅纤维等。而金属短纤维、钛酸钡陶瓷等属于电介质型吸波材料，铁氧体、羰基铁粉、超细金属粉等属于磁介质型吸波材料。

铁氧体吸波材料是研究较多的一类吸波材料，按晶体结构的不同可分为立方晶系尖晶石型、六角晶系磁铅石型和稀土石榴石型三种。其中尖晶石型铁氧体应用历史较长，但由于难以满足相对介电常数和相对磁导率尽可能接近的原则，用纯铁氧体难以满足高性能吸波材料的要求。但若把铁氧体粉末分散到非磁性微粒中制成复合铁氧体则可大大改善其吸波性能。

以铁氧体为吸收剂的吸波材料也存在一定缺陷，如高温特性差，面密度较大，各种吸波材料对匹配频率只有在匹配厚度的情况下才能做到无反射吸收，电磁参数匹配困难，吸波性能提高和吸收频带扩展受限等问题。近年来，通过改变铁氧体的化学成分、粒度分布、粒子形貌、复合物中的混合量和表面处理技术来改善铁氧体的吸波性能。

7.2.2.3 新型吸波材料

由于吸波材料对解决环境电磁污染起着极其重要的作用，世界各国正加大力度对吸波材料进行研究。这极大地推动了吸波材料的发展，出现了许多新的吸波材料研究方向。目前正在开发研究的新型吸波材料包括纳米吸波材料、高聚物吸波材料、手性吸波材料和稀土吸波材料等。

A 纳米吸波材料

纳米粒子由于独特的结构使其自身具有表面效应、量子尺寸效应、小尺寸效应和宏观量子隧道效应，因而呈现出许多特有的奇异的物理、化学性质，从而具有高效吸收电磁波的潜能。纳米粒子尺度（1～100nm）远小于红外线及雷达波波长，因此纳米微粒材料对红外及微波的吸收性较常规材料要强。随着尺寸的减小，纳米微粒材料的比表面积增大，随着表面原子比例的升高，晶体缺陷增加，悬挂键增多，容易形成界面电极极化，高的比表面积又会造成多重散射，这是纳米材料具有吸波能力的重要机理。量子尺寸效应使纳米粒子的电子能级由连续的能谱变为分裂的能级，分裂的能级间隔正处于与微波对应的能量范围（10^{-2}～10^{-5}eV）内，与电磁波作用时发生共振吸收。在微波场的作用下，原子、电子的运动加剧，促使磁化，引起磁损耗从而使电磁能转化为热能而吸收电磁波。纳米微粒特殊的结构特征使得纳米吸波材料具有吸收强、频带兼容性好、比重小、厚度薄等特点。美国已研制出第四代纳米吸波材料“超墨粉”，其对雷达波的吸收率可达99%。美国专利报道了在树脂中添加质量分数为1.5%、长径比大于100的碳纳米管，这种厚度1mm、密度为1.2～1.4g/cm^{3}的薄膜材料对20kHz～1.5GHz的宽频电磁波具有较好的吸收，能够吸收86%的1.5GHz的电磁波。该材料在民用领域具有广阔的应用前景。

B　高聚物吸波材料

导电聚合物具有电磁参数可调、易加工、密度小等优点，通过不同的掺杂剂或掺杂方式进行掺杂可以获得不同的电导率，因此导电聚合物可以用作吸波材料的吸收剂。当电磁波入射到吸波材料表面后，进入材料内部的电磁能通过电导损耗将其转化成热能，从而消耗电磁波能量。美国宾夕法尼亚大学制备了 2mm 厚的聚乙炔薄膜吸波材料，对 35GHz 电磁波的吸收高达 90%。北京科技大学的方鲲等采用热压成型技术制得了聚苯胺/三元乙丙橡胶复合共混物橡胶吸波贴片，2～18GHz 的频率范围，平均吸收衰减可达到 10dB，且具有明显的宽频效应。

C　手性吸波材料

手性是指一种物质与其镜像不存在几何对称性，且不能通过任何操作使其与镜像重合，一个人的左手与右手就是比较典型的例子。手性吸波涂料是近年来开发的新型吸波材料。自 1987 年美国宾州大学研究人员首次提出“手征性具有用于宽频带吸波材料的可能性”以来，手性吸波材料在国外受到广泛重视。

手性吸波材料是在基体材料中加入手性旋波介质复合而成的新型电磁功能材料。手性材料具有电磁参数可调、对频率的敏感性小等特点，在提高吸波性能、展宽吸波频带方面有巨大的潜力。手性介质材料与普通材料相比，具有特殊的电磁波吸收、反射、透射性质，具有易实现阻抗匹配与宽频吸收的优点。但是目前能用作吸波材料的手性材料还难以大量制得，这是限制手性吸波材料发展的一个瓶颈。一旦手性材料实现大量工业化生产，将极大地促进吸波材料的发展。

D　稀土吸波材料

我国的稀土矿物储量占世界总量的 75%，稀土材料是当代应用甚广的功能材料。近年来，国内部分学者对稀土吸波材料的研究较为活跃，稀土吸波材料的研究主要集中在两方面，一是用稀土元素对铁氧体进行改性，一是以稀土材料为基体制备电磁波吸收材料。以稀土改性的铁氧体和稀土复合吸波材料为主的吸波材料，在调节吸波材料的电磁通量、展宽吸波频带等方面，具有明显的潜力和优势，但在可喷涂性、热性能、稳定性等方面，需要对稀土吸波材料做进一步的研究工作。

传统的电磁屏蔽材料与吸波材料强调的是强衰减，而新型的材料则大多采用复合技术，突出质量轻、频带宽和性能好的特点，能满足于不同环境和应用场合的需求，因此开发和研制新一代的多频、轻质、智能型的电磁抑制材料必将成为日后的重点。同时由于导电、导磁纳米材料的体积效应和表面效应，使其具有许多独特的性能，因而纳米材料具有较高的研究价值。从电磁抑制材料的发展来看，未来电磁抑制材料的发展趋势主要有：

（1）抑制材料内部结构优化、成型工艺改进，可以提高材料的综合电磁屏蔽效能。

（2）材料的非晶化和纳米化，通过这两种手段，可以对材料内部组织进行优化，甚至使材料内部晶粒细化到纳米级别，从而可能产生质的飞跃，大大提高材料的包括电磁屏蔽性能在内的综合性能。

(3) 用工艺及结构的复合化改良材料的电磁屏蔽性能，例如将有机组分和无机组分在纳米尺寸上相组合，制得各种性质独特的杂化材料等。

(4) 在实际应用中，入射到电磁抑制材料表面的电磁波大部分被反射，成为新的潜在干扰源，近年来出现的高吸收低反射电磁抑制材料则可克服这一弊端。因而研制具有高吸收性能的损耗型电磁抑制材料将成为未来抑制材料发展的一个重要方向。

7.3 电磁辐射防护产品

为保护人体不受或尽量减少电磁辐射的危害，人们一方面对电磁辐射源进行屏蔽，减少辐射量，另一方面研制有效的防护产品进行个体防护。本节重点介绍各种电磁辐射防护产品，包括电磁辐射防护服装、防护眼镜、防护头盔、电脑防辐射屏、手机防辐射套、电脑杂波传导抑制专用线以及电脑、微波炉防辐射罩等。

7.3.1 电磁辐射防护织物与服装

电磁辐射防护服装的面料（织物）对于电磁波的防护起着决定性作用。因此，在选用电磁辐射的服装时，应了解防护服装所采用的织物及其工作原理。

7.3.1.1 电磁辐射防护织物

电磁辐射防护织物应具有良好的电磁屏蔽效能，即具有良好的导电性和导磁性。良好的导电性是指织物受到外界电磁波作用时产生感应电流，感应电流又产生感应磁场，感应磁场的方向同外界电磁场的方向相反，从而与外界电磁场相抵消，达到对外界电磁场的屏蔽效果。较强的导磁性，能有效地起到消磁作用，使电磁能转化为其他形式的能量，由此达到吸收电磁辐射的目的。

A 电磁辐射防护织物的发展历程

英国、日本、加拿大、瑞典、美国、德国、法国等发达国家从20世纪20年代就开始进行特种防护服装与织物的研究。60年代，国际上制定出电磁辐射防护标准后，电磁辐射屏蔽材料随之出现。到了80年代，美国北美航空公司研制成功防止雷达探测的防护衣和头盔，这种防护衣与头盔系由微波吸收材料制成。日本等国研究开发了用不锈钢软化纤维与植物纤维混纺织成的屏蔽织物，制成屏蔽服装用在微波防护上，比如雷达防护服等。80年代后期到90年代初期，英国、法国、德国、瑞典、美国、中国台湾等国家和地区，为防止家用电器的辐射危害，诸如微波炉、电磁炉、电脑、电热毯、吸尘器等对人体特别是孕妇与少年儿童的影响，掀起了主妇穿屏蔽围裙、屏蔽大褂以及青少年穿屏蔽马甲、屏蔽西服的热潮。从此防电磁辐射屏蔽服装走进家庭，成为民用服装。到了90年代中期，日本率先在普通织物纤维基础上进行硫化铜处理研制成功金属化纤维，使其具有抗静电、杀菌作用。在我国，北京劳动保护科学研究所于 20 世纪 60 年代开始研究电磁辐射防护服，70 年代正式生产铜丝与柞蚕丝混纺布制成的屏蔽服。70～80 年代该所研制成功并生产了不锈钢软化纤维织物与服装、特殊工艺镀膜屏蔽织物与服装，并开始装备从事雷达、微波加热、微波理疗、卫星地面站、微波通讯等系统操作的人员，受到普遍欢迎。

B　电磁辐射防护织物类型

不同的材料、不同的制作工艺制成的电磁辐射防护织物，其防护性能不同，以下作简要介绍：

(1) 金属丝和服用纱线混编织物。金属是电的良导体，因此金属丝被最早应用到电磁辐射防护材料中。金属丝主要是由铜、镍和不锈钢及它们的合金制造的。金属丝和服用纱线混编的织物防护效果尚可，但手感硬，织物厚且重，服用性能差，已被其他防护织物所取代。

(2) 金属纤维和服用纤维混纺织物。

为改善防护织物的服用性能，把金属丝拉成纤维状，再同服用纤维混纺，织成电磁辐射防护织物。织物手感好，防护效果和服用性能较好。金属纤维除具有良好的导电性、导热性、耐高温外，还有较高的强度。当前用作防护织物的金属纤维主要有镍纤维和不锈钢纤维两种，一般情况下金属纤维的混纺比例是 5%～20%，特殊要求时可以低于 5% 或高于 20%。但是金属纤维和服用纤维混纺时，因金属纤维比重大，产生的离心力较大，与服用纤维混合不匀，加捻成纱困难。

(3) 化学镀层织物。

化学镀银织物于 20 世纪 70 年代利用银镜反应原理研制成功，产品质地轻薄、柔软透气，电磁辐射防护安全可靠。由于银资源短缺，价格昂贵，且化学镀银不是自催化反应，一次只能施镀一层，如果镀层厚度不够将影响防护性能，需施镀多次，这就限制了广泛应用的可能性。化学镀铜是自催化反应，利用反应时间和反应速度可控制镀层厚度，于是出现了化学镀铜织物。但是化学镀铜织物耐蚀性差，尤其不利于在潮湿的海洋性气候条件下使用，为此开发了化学镀镍织物。化学镀镍织物的金属镀层不是纯镍而是镍磷合金，磷的含量在 3%～15% 范围内，含磷量太多将影响防护效果。随着人们对电磁辐射防护要求的不断提高，合金镀层织物、复合镀层织物、镀铁织物和镀铅织物相继问世。这类织物除具有电磁辐射防护功能外，还具有抗静电、防紫外线或保健功能等。

(4) 金属喷镀织物。

把金属加热熔化后，利用高压气流直接均匀地喷洒在织物表面。该工艺流程短，金属层和织物的结合牢度大于化学镀层织物。织物性能类似化学镀层织物，喷镀均匀度直接影响电磁辐射的防护效果。现在已有了喷铅、喷铝和喷锡织物。

（5）其他防护织物。

随着纺织、化学和材料科技的不断发展，多离子和纳米材料等新型电磁辐射防护织物不断出现。多离子织物采用目前国际最先进的物理和化学工艺对纤维进行离子化处理。产品以吸收为主，将有害的电磁辐射能量通过织物自身的特殊功能转变成热能散发掉，从而避免了环境二次污染。多离子织物是目前屏蔽低、中频段电磁辐射最先进的民用防护材料。纳米吸波材料利用纳米级的导电纤维嵌入织物组织或对织物进行涂层制得，产品质量轻、厚度薄、吸波频带宽、吸收能力强。

C 电磁辐射防护织物的一般识别方法

（1）测导电性。用万用表检测到有良好的导电性，普通织物则没有导电性。

（2）火烧。用火烧屏蔽织物，混纺织物会剩下一层屏蔽丝网；而纳米离子织物则剩下一堆金属粉末。

（3）测电磁辐射。使用便携式电磁辐射测试仪，有辐射时红灯亮，用防辐射织物挡住后，绿灯亮，表明辐射已被屏蔽。

（4）包裹测试。将手机等包裹在防电磁辐射屏蔽织物或服装中，看其信号是否减弱。

D 电磁辐射防护织物国内外新产品

a 国外新产品

德国是最早研究电磁辐射防护材料的国家，并制定出相应评价标准。德国开发的 Snowtex 织物用聚酯或聚酰胺纤维与铜、不锈钢、碳或其他金属合金混纺后织制而成，可以保护人类免遭不可知的有害电磁辐射。这种织物除了用于个体防护服装外，还可用作防护墙纸、防护衬垫、防护管状材料、汽车用纺织品、部队防护用品、民用和军用航空防护用品、医疗用纺织品、家用纺织品等。德国最大的防护服生产厂家 Tempex 股份有限公司和纺织材料供应商 Ploucquet 合作，用银涂覆在织物的两面开发出的防电磁辐射纺织品，具有很高的拉伸强度，并且透气，制成服装后屏蔽效能不会因拉链和接缝而衰减。

美国 NSP 公司和 Euclid 服装制造公司共同合作制造了由微细不锈钢纤维制成的织物。对于必须工作在很强的发射天线附近的人员来讲，织物中的金属成分能大大降低人体对射频能量的吸收。

莫斯科纺织材料研究院开发出能够屏蔽电磁波的防护材料和防护装具，由极细的高含镍合金丝交织针织物制成，该织物已批准制作视频终端操作员防护服。

瑞士 Swiss Shield 公司与 Spoerry 公司采用非常细的镀银铜丝（直径 20μm），外覆聚亚胺酯膜或一种特殊的银合金，再在外层用专利纺纱技术包覆一层棉或聚酯纤维，开发出能提供有效电磁防护的薄型织物，屏蔽效能可达 50dB。所有织物可以成型、剪裁、折叠、缝制加工并可免烫。

日本已经研制出纳米级的导电纤维，仅有一个分子粗细。

b　国内新产品

军事医学科学院和河北任远集团经数年攻关，研制出多功能电磁波防护材料，具有电磁波防护与远红外线保健双重功能。利用专门技术将极细的金属纤维均匀混入棉纤维中，织物具有较理想的防电磁波效果；同时采用特殊工艺加入某种能发射远红外线的材料，使织物能改善人体微循环增强抗病免疫能力。产品穿着舒适，透气性好，吸湿性强，手感与棉布接近，适用于长期工作在电磁辐射环境中的人群，包括直接从事电磁波作业及间接受电磁波影响的人员，带有心脏起搏器及其他对电磁辐射敏感的人员。

我国红豆集团、利昂高科技公司已成功推出多离子织物产品，织物经精纺加工，柔软舒适、色泽均匀、除臭抗菌性强、耐洗、耐磨、耐气候、使用寿命长，电磁屏蔽衰减值达到99.4%，可有效防止手机、电脑、微波炉、电视机等电子产品产生的电磁波对人体的危害。该织物可广泛用于劳动保障部规定的59个需要作电磁防护行业的工种，还可运用于军队的保密、伪装等领域。

7.3.1.2　电磁辐射防护服装

电磁辐射已成为继水污染、大气污染、噪声污染之后当今人们生活中的第四大污染源。因此，许多研究机构和生产厂家都在相继研究开发防电磁辐射的民用产品，以减少电磁辐射对人类健康的危害。实践证明，穿着防电磁辐射的服装是比较方便有效的方法。

电磁波辐射防护服装设计时，为使所设计的服装既具有普通服装的舒适美观，又有良好的电磁波辐射防护性能，除考虑手感、风格及舒适性外，还必须考虑减少缝隙。电磁波辐射防护服装可以是由电磁波辐射防护织物制成的单层服装，也可以是双层或三层服装。这种防护服装可以像普通服装一样进行裁剪和缝制，要求最好采用具有良好导电性的缝纫线，胸前开口处至少要重叠5cm，最好能达到7～10cm，口袋宜采用贴明袋的方式，以防电磁波在这些地方大量进入。但考虑到穿着时的环境以及舒适性方面的要求，可根据具体情况进行设计，以达到舒适、美观及效果的统一。

选用个体防护用品时，应首先根据工作生活场所的电磁辐射场强数值与国家标准之间的差值，确定电磁辐射的衰减度。然后，参照产品说明中对电磁波的衰减参数，确定使用何种形式的防护用品。

目前批量生产、供应市场需求的防护服装系列有：(1)三紧式防护服；(2)大褂式防护服；(3) 风衣式防护服；(4) 连体防护服；(5) 屏蔽衬衣；(6) 屏蔽马甲；(7) 屏蔽裤子；(8) 屏蔽孕妇服；(9) 屏蔽西服；(10) 屏蔽围裙等。

7.3.2　电磁辐射防护眼镜

电磁辐射防护眼镜可以用于保护操作人员的眼睛免遭危害。对于防护眼镜的要求是：透视度要足够高，不影响视线；屏蔽效果要好（原则上要保证屏蔽后场强应控制在安全卫生标准之下）；重量轻，使用方便，镜面启动灵活。防护眼镜的基本材料是金属网或金属膜。

（1）金属网防护镜。这种防护镜是将多种金属编织的细网或由钢丝、镍丝等单一金属丝编织的高导电性网锒在镜框内，构成金属防护网。该种金属网防护镜使用不方便，透视度低，影响操作。但价格便宜。

（2）金属膜防护眼镜。金属膜防护眼镜是在光学玻璃或树脂片的外表面上蒸发或喷镀一层极薄的金属膜。金属膜选用铜、铝、银等金属粉加工制成的，这种防护镜具有较好的防护作用；同时具有透视度高；美观、装饰性好等特点，是目前防护作用好、很受用户欢迎的防护专用品。

7.3.3 电磁辐射防护头盔

防护头盔用网眼极小的铜网制成，类似于焊工所戴的焊接防护头盔。防护头盔可以做成封闭型的，将工作人员的头部整个罩上，也可做成半边型的，只将人头的前后和面部罩上。

除铜网材料外，封闭型头盔的后半部也可采用金属布做成。脸面部的防护材料，采用新研制的一种透视度高的金属—非金属复合材料，如镀膜玻璃等。

7.3.4 电脑辐射防护屏

在我国，已应用多年、行之有效的电脑辐射防护屏主要有两类，一是在光学玻璃表面采用真空镀膜等工艺将复合金属微粒喷涂在其上，形成一层透视度高、导电性能优良的金属屏蔽膜。这类防辐射屏为主导产品。二是利用单一金属或多种混炼抽丝，织成细微网布，使之具有防辐射、防静电、防强光等作用的防辐射屏。电脑辐射防护屏具有 15～35dB 的衰减屏蔽效能，防静电，不吸尘、不带菌，使用方便，透视度高等特点，已经广泛投入使用。

7.3.5 手机辐射防护套

用专门抑制材料制作的手机防辐射套也已通过技术鉴定并投入市场，其防护效果良好，可以确保手机持机者头部微波辐射场强控制在国际标准以下。

7.3.6 电脑杂波传导抑制专用线

为了防止电磁杂波通过电源线进行传输，并尽量减小这部分向空中的散射，近几年一些单位研制了在电源线路上加装滤波吸收电路，同样起到了降低电脑等小型设备的电磁辐射的作用。

7.3.7　电脑、微波炉防辐射罩

对于电脑、微波炉、理疗机等大大小小电子、电气设备，在尽可能条件下采用由不锈钢金属纤维屏蔽织物等材料做成适合对象的设备辐射防护罩，可以有效地起到保护人体健康的作用。防辐射罩屏蔽指标在 10kHz ~ 10GHz 频段，衰减值为 20 ~ 50dB。

7.3.8　电磁辐射防护产品发展现状

目前市场上的防辐射产品种类繁多，手机防辐射贴膜、防辐射卡，防辐射面罩等都广泛受消费者的欢迎。在种类繁多的防辐射产品中，专门针对怀孕“准妈妈”的防辐射孕妇装无疑是最受青睐的一种。

一家大型网站的亲子中心对“准妈妈”进行的问卷调查显示：在近 3000 名受访者中，高达 63% 的人表示会选择防辐射孕妇产品。虽然抗辐射孕妇装市场火热，但整体行业仍然是群雄割据，品牌集中度较低，行业还处于比较低层次的竞争阶段。针对消费市场的新变化，强化品牌知名度将成为一些领先企业的竞争策略，同时拓展孕妇装的实用功能也将成为重要的竞争策略。据预测，未来 3 ~ 5 年，我国孕妇装市场的销售额将达 30 亿 ~ 50 亿元。有专家形象地将其称为“大肚子经济”，认为其具备无限潜力，前景广阔。而且国际品牌以及资本正积极准备进入中国市场，更为这个充满种种不稳定性的小行业带来了很多机遇和风险，也将会从某种程度上加速行业重组的进程和加大重组的力度。

除了专门针对孕妇的防辐射孕妇装之外，还有一些电脑辐射屏保、手机防辐射贴膜等产品也很受消费者的欢迎。

那么，这些市场热销的防电磁辐射产品的防辐射效果到底怎样呢？（见表 7-5）调查发现，几乎所有的手机防辐射产品的厂家都宣称，其产品的防辐射率高达 99.9% 以上。然而，经专业的检查机构的检测结果显示，手机防辐射贴片确实有屏蔽辐射的作用，但是屏蔽的效果远远不到厂家的 99.9%。

同样，防辐射孕妇装的厂家也都宣称自己的产品具有 99.9% 的防辐射率。据了解，目前市场上的防辐射孕妇装防辐射率都达不到宣称的数值，有个别样品甚至只有不到 75% 的屏蔽效能。同时，专家提醒消费者，所谓防辐射率仅仅代表的是防孕妇装使用面料的防辐射效能，因而用这样的防辐射率来衡量服装的防辐射效能是不科学的。

总之，防辐射产品作为一个新兴行业，还需要更多的标准来加以规范。所以，需要消费者睁大自己的眼睛，来保障自己的利益。

表 7-5 常用电磁辐射个体防护产品

品　名	分类与规格	采用功能性材料	屏蔽效能/dB
男衬衫		不锈钢纤维	20 ~ 30
女衬衫		不锈钢纤维	20 ~ 30
男短袖衬衫		不锈钢纤维	20 ~ 30
女短袖衬衫		不锈钢纤维	20 ~ 30
防护围裙		不锈钢纤维	20 ~ 30
防护马甲	A	不锈钢纤维	20 ~ 30
	B	金属化镀膜材料	20 ~ 30
防护大褂	A	不锈钢纤维	30 ~ 40
	B	金属化镀膜材料	30 ~ 40
孕妇裙		不锈钢纤维	20 ~ 30
肚　兜		不锈钢纤维	20 ~ 30
孕妇裤		不锈钢纤维	20 ~ 30
夹克防护套装		不锈钢纤维	30 ~ 40
屏蔽布	A	不锈钢纤维布	50 ~ 58
	B	化镀镀膜布	50 ~ 58
屏蔽布（面料）		不锈钢纤维	20 ~ 30
屏蔽里子绸		不锈钢纤维	10 ~ 18
屏蔽衬衫布		不锈钢纤维	20 ~ 30
防护屏（玻璃）		14 ~ 17 寸镀膜	20 ~ 25
防护镜		平镜镀膜	10 ~ 15
		近视及其他功能镀膜	10 ~ 15

第8章 家用电器的电磁辐射与防护

现代城市家庭已经实现了“电器化”，如电脑、电视、冰箱、微波炉、电磁炉等已经进入到人们的日常生活中。当你坐在电视前欣赏电视节目或利用计算机在网络上遨游，享受现代先进的电子设备为你的生活带来的诸多便利和乐趣时，可能不会想到，这些电子设备在使用时都会产生不同波长不同强度的电磁辐射。这种电磁辐射就如同周围的空气一样，看不见摸不着，无色无味，充斥在整个空间，作用于人的身体上。随着时间的增加，一旦这些能量强度超过身体的耐受程度，就会影响到身体健康，导致头疼、失眠、记忆衰退、血压升高或下降等症状。如在电磁辐射超强度的环境下长期作业，严重的可能引起部分胎儿畸形、白内障，甚至诱发癌症。

图 8-1 日益严重的家用电器的电磁辐射

在我们的生活环境中，任何家用电器只要有电流就有电磁辐射，大到空调、电脑、电视机、微波炉，小到手机、吹风机，甚至连充电器、接线板都会产生电磁辐射。不同的电器产生的辐射量是不同的。微波炉、吸尘器等辐射强度高于电脑、手机等，吹风机、电饭锅等的辐射强度较低。

近年来，妇女流产率、胎儿畸形率升高可能都与电脑、手机等的广泛使用有关系。这是因为家电的辐射看不见摸不着，我们却无处可藏，甚至不知道该如何保护自己！但请记住，各种各样的电磁波无时无刻不在我们身边盘旋，穿越我们的肌体，损害我们的健康！我们可以通过两个小实验来看家电辐射的危害。

实验一：把一盆长势正旺的富贵竹放在微波炉的旁边，过了一段时间，原先长得郁郁葱葱的富贵竹竟然一天天蔫了下来，绿绿的叶子变成枯黄枯黄的，而且一段时间之后富贵竹死掉了。

实验二：你连续看两个小时电视，看之前把脸洗干净，尽量不要有油脂留下，看完电视后再找块白色的毛巾擦一擦脸，白色的毛巾上面会有黑黑的东西。这是因为电视的辐射使空气中灰尘电离，而电离了的灰尘有吸附作用，一旦碰到有油脂的物体，就会粘上去，你想想许多的灰尘粘在你脸上会有什么样的感觉吗？

8.1 手机的电磁辐射与防护

移动通信的发展是世界经济与科学技术发展的潮流，是信息时代的需要。20世纪80年代以来，随着科学技术的发展和人类社会的进步，世界各国移动通信网络迅速发展。其中移动电话通信由于小巧灵活，能实现异地双向通信和全球漫游通信更受人们的青睐。但手机的普及在给人们带来便捷的同时，也给人们带来了一些烦恼，那就是对手机电磁辐射的恐惧。目前全球移动用户超过50亿，而中国的移动电话拥有量居全球第一，高达7亿之多。移动电话已经深入到我们的工作和生活中，移动用户数量如此之大，即便是很小的影响也会引发公众的关注。

图8-2 不可低估的手机的电磁辐射

8.1.1 手机辐射的原理

所谓手机电磁辐射其实就是一种无线电波。当用移动电话进行呼叫时，移动电话会发射无线电波（也称为射频能量）。这些无线电波可被距离最近的基站接收，基站再将接收到的无线电波传输到交换台，交换台根据呼叫类型将呼叫转接到另一个基站或固定电话线网络，从而实现通话，这就是手机的工作原理。根据手机的工作原理，它必须发出少量的电磁辐射，通过电磁波传递消息。

当人们使用手机时，手机会向发射基站传送无线电波，基站也会向手机发射无线电波。手机天线与受话器等紧贴着耳朵，天线距离头部只有2～5cm，头部处于手机的近场辐射区，其受到的电磁辐射是比较大的；而一般公众移动电话基站距离市民活动区域大概有15～50m，就处于其辐射场中的人而言，属于远场辐射范围，辐射很小，并且电磁辐射对人体作用是整体或全方位分散的，对具体一个部位的影响也很小。所以通话中的手机对手机使用者的辐射作用较大且集中作用于头部，而移动电话基站对人体的辐射作用很小且分散于整个人体。

离天线越远，电磁辐射强度越小，在理想的情况下，某一点的电磁辐射强度（用功率密度表示）与该点到天线的距离的平方成反比，即：在距离天线 1cm 处的电磁辐射强度要比在 10cm 处的强度大 100 倍。假设普通手机的功率为 1W，距离头部 10cm 进行通话，在理论上来说，这时所接受的电磁辐射强度等同于在功率高达 10000W 基站的 10m 之外的电磁辐射强度。事实上，公众移动电话基站的辐射功率多数都在 20W 以下。这种情况下，公众移动电话基站的电磁辐射强度不及手机的五百分之一，即可以忽略不计了。在距离移动电话基站天线 10m 之外，辐射强度是比较小的，均在 $10\mu W/cm^2$ 以下，距离手机天线 5cm 处的辐射强度大约在 $50mW/cm^2$。

实际上，基站的发射功率取决于手机与基站的通信距离以及用户数量，现有的全球移动通信系统（GSM）、数字无线通信系统（CDMA）都采用微蜂窝覆盖，设置了成千上万的小功率基站，基站的发射功率减小，使电磁辐射强度也相应减弱。目前公众移动通信网是非常成熟的，有些小区基站的覆盖半径只有几十米；同时，这种微蜂窝基站覆盖系统也减少了手机的电磁辐射强度，因为如今的 GSM、CDMA、低功率移动电话（PHS）等手机，都有功率调节功能，手机搜索到的信号越好、距离基站越近，其发射功率就越小。

手机采用微波波段进行通信，根据无线电知识可以知道，适量的电磁辐射对人体的伤害不大甚至无害，但是当电磁波频率较高而且场强较强时，它就会对人体造成伤害，导致人体精力和体力衰退，甚至引发各种疾病。

手机的电磁辐射在家电中仍属较高者，甚至超过了电脑。俄罗斯 KP 网站做了一个“手机煮鸡蛋”的实验，利用两个通过通话中的手机煮熟了鸡蛋。首先选择了一个鸡蛋放置在导热性能强的陶瓷杯中，之后在鸡蛋的两侧分别放置了两个手机，接着便进行了通话，在开始的 15min 里，鸡蛋似乎没有发生什么明显的变化，当通话进行到 25min 的时候，细微的变化产生了，鸡蛋壳开始发烫，进行到 40min 时鸡蛋表面开始变得更加脆硬，实验人员用手敲开之后发现里面的蛋白已经成固体状，但蛋黄还是呈稀松状，于是便继续进行到 65min，就在这时整个实验结束，实验人员取下鸡蛋发现已经完全熟透。因此，手机电磁辐射的危害已经引起了越来越多消费者的重视。

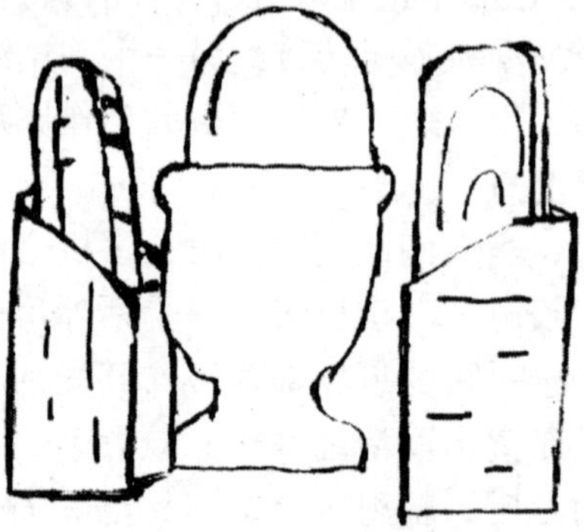
图 8-3　手机煮鸡蛋试验

8.1.2　手机电磁辐射的大小

8.1.2.1　手机电磁辐射的衡量

对于手机电磁辐射的大小，一般用比吸收率（SAR）来衡量，即单位时间内单位质量的物质吸收的电磁辐射能量。它的单位为W/kg(或mW/g)，表示每千克（或每克）人体吸收的电磁辐射能量，较准确地反映了电磁辐射对人体产生的影响。SAR值越低，辐射被吸收的量越少。不同的国家对手机电磁辐射安全标准的规定有所不同。目前国际通用的标准有两个，一个是欧洲标准2W/kg，其具体含义是以6min为计时，每公斤人体组织吸收的电磁辐射能量不得超过2W。另一个是美国标准1.6W/kg。目前大家所使用的手机和市面上正规渠道所出售的手机，都是根据欧洲标准来设计，并经过了有关机构测试的，平均的SAR值大约在0.2W/kg到1.5W/kg之间。其中针对脑部位置的SAR值必须低于1.67W才算安全。瑞典隆德大学的研究人员对瑞典233名脑瘤患者进行调查，发现脑瘤和使用手机确实存在一定关系。调查表明频繁使用手机的患者在大脑侧部产生脑瘤的概率，比大脑后部、前部及顶部的发病率都要高，而美国无线技术研究机构公布一系列的研究结果也表明，手机辐射同人类脑瘤发生率、人类血液微核细胞生物增长率以及DNA破损率存在一定的关系。

8.1.2.2　手机安全辐射标准

对SAR要求较严的是美国联邦通信管理委员会FCC标准，对30MHz～15GHz频段推荐的辐射标准中要求手机辐射的极限值为0.08mW/g（人体平均值），峰值1.6mW/g（对任何1克人体组织平均），平均时间30min。

8.1.2.3　影响手机辐射大小的因素

影响手机辐射的因素非常多，包括手机的自身设计（天线、外观等），手机制造商的生产技术及手机使用者所处的地理环境等。

首先，电磁辐射大小和手机本身的设计紧密相关。手机辐射的大小，主要取决于其天线、外观设计等因素。手机天线用来辐射和接收高频电磁波，它在一定程度上会影响手机的接收和发射性能。大多数手机天线是以对称振子为基础而发展成的各种形式的线状天线（即辐射源长度大大长于其直径），如鞭状天线和螺旋天线。一般说来，内置式手机的电磁辐射约为同类天线外置式手机的十分之一；天线外置式手机的电磁辐射以天线周围最大。

其次，手机辐射的高低与手机制造商的生产技术有关，不同制式不同品牌不同型号的手机，辐射高低各有差别。CDMA手机辐射比GSM手机小得多，GSM制式手机的通话实测平均辐射值为773mW，CDMA制式手机通话时实测辐射值，平均只有1.72mW，只有GSM手机的1/449，比普通电视的遥控器还低。

在实际使用中，手机辐射的大小还和手机与基站之间的距离、使用者周围的地理环境、基站的设置情况等因素有关。一般来讲，在天线结构以及手机和人体相对位置一定的情况下，天线输出功率越大，在人体内形成的电场强度越高，人体吸收的射频辐射功率越大。手机离基站越近，手机只要较小的功率就可以和基站取得联系，辐射就会越小。由于城市里建筑物比较多，而钢筋混凝土结构的建筑会对电磁波产生很大的影响，迫使手机加大功率来和基站取得联系，但如果基站建设的时候考虑得比较全面，网络覆盖情况比较好，那么手机在实际使用过程中的辐射也会比较小。

最后，还有一些因素影响人体对手机辐射的吸收。手机辐射到达人体表面时，可产生反射、折射和吸收等现象。被组织吸收的辐射剂量不仅与机体各层组织的介电常数、电导率、厚度有关，而且还与辐射频率有关。一方面由于介电常数和电导率的不同，高含水率组织（例如皮肤、肌肉）比低水容量组织（如脂肪、骨骼）所吸收的功率要大许多倍。另一方面，人体对辐射的吸收剂量又与人体组织的大小、形状有关。例如：脑部不同组织具有一定的几何形状，当组织构型的曲率半径与电磁辐射在体内的波长较接近时，组织的高折射率便产生强烈的球性聚焦，可形成很强的“热点”，使辐射能量聚集到脑组织的某一部位。此外，对生物体的辐射还存在着一个共振频率，当电磁波辐射处于共振频率时，平均单位重量所吸收的功率最高。例如，人、猴子、老鼠在同样电磁场 $1mW/cm^2$ 下,最大吸收分别发生在 70MHz、300MHz 和 2450MHz 附近；人体各部分（头、体表面、四肢、躯干）的最大吸收也分别发生在不同的频率。根据人体对电磁辐射能量的吸收特性，可将射频—微波段分为次共振区、共振区、热点区和表面吸收四个区域。次共振区频率小于 30MHz，人体对电磁辐射能量的吸收随频率的上升迅速升高。共振区的频率范围大约为 30 ~ 300MHz，而头部共振吸收频率为 400 MHz。热点区频率范围大约为 400 ~ 3000MHz，由于局部共振，造成小范围发生显著的能量吸收。表面吸收频率远大于 3000MHz 时，主要呈现体表吸收。

8.1.3　各类手机的辐射比较

目前，主要有 CDMA、GSM、PHS 小灵通三种制式手机。PHS 小灵通采用 1900MHz 频率，目前小灵通基站的最大发射功率为 500mW（毫瓦），而移动等运营商的发射塔功率一般为 2W（瓦），相比之下，小灵通的发射功率要小的多了，辐射极小。因此需关心的主要是 CDMA 和 GSM 手机的辐射。由于 CDMA 系统中采用快速的反向功率控制、软切换、语音激活等技术，以及对手机最大发射功率的限制，使 CDMA 手机在通信过程中辐射功率很小而享有“绿色手机”的美誉。

目前普遍使用的 GSM 手机 900MHz 频段最大发射功率为 2W(33dBm)，1800MHz 频段最大发射功率为 1W(30dBm)，同时《数字蜂窝移动通信系统标准》(IS-95A)要求，对于 GSM900MHz 和 1800MHz 频段，通信过程中手机最小发射功率分别不能低于 5dBm 和 0dBm。CDMA IS-95A 规范对手机最大发射功率要求为 0.2 ~ 1W(23 ~ 30dBm)，实际上目前允许手机的最大发射功率为 23dBm (0.2W)，规范对 CDMA 手机最小发射功率没有要求。需要注意的是前面讲到的 dBm 是将功率用毫瓦的分贝数来计算和表示，表示分贝毫瓦，0dBm = 1mW（毫瓦），每增加 3dB 功率增加一倍，3dBm = 2mW、6dBm = 4mW …… 10dBm = 10mW、20dBm = 100mW、30dBm = 1000mW……依次类推。

手机与系统的通信可分为两个阶段，一是接入阶段，二是话务通信阶段。对于 GSM 系统，手机在随机接入阶段没有进入专用模式以前，是没有功率控制的，为保证接入成功，手机以系统能允许的最大功率（通常是手机的最大发射功率）发射信号。在分配专用信道后，手机会根据基站的指令调整手机的发射功率，调整的步长通常为 2dB，调整的频率为 60ms 一次，即每 60ms 发射功率增加或减少 2dB。

对于 CDMA 系统，在随机接入状态下，手机会根据接收到的基站信号电平估计一个较小的值作为手机的初始发射功率，发送第一个信号，如果在规定的时间内还没有得到基站的应答信息，手机会再加大发射功率。这个过程重复下去，直到收到基站的应答或者到达设定的最多尝试次数为止。在通话状态下，每 1.25ms 基站会向手机发送一个功率控制命令信息，命令手机增大或减少发射功率，步长为 1dB。即每 1.25ms 手机的发射功率增大或减少 1dB。

总体而言，考虑到 CDMA 系统其他独有的技术，如软切换，RAKE 接收机对多径的分集作用，强有力的前向纠错算法对上行链路预算的改善，CDMA 系统对手机发射功率的要求比 GSM 系统小很多，而且 GSM 手机在接入过程中以最大的功率发射，在通话过程中功率控制速度较慢，所以手机以大功率发射的机率较大；而 CDMA 手机独特的随机接入机制和快速的反向控制，可以使手机平均发射功率维持在一个较低的水平。

一家国际著名的 CDMA 技术权威公司和国内某知名的 GSM 网络优化公司工程技术人员，曾于 2001 年 12 月上旬沿北京市二环路全线，进行了 CDMA 和 GSM 现网中手机发射功率的测试。测试结果表明，CDMA 手机的线性平均发射功率为 2.4dBm(1.72mW)，以最大功率(23dBm,0.2W)发射的概率为 0.2%；GSM 手机的线性平均发射功率为 28.9dBm(773mW)，以最大功率(2W)发射的概率为 21.8%。值得注意的是当时北京市区的北京移动 GSM 网络已相当成熟，基站间距较小，GSM 手机可以较小功率发射；而 CDMA 网络处于发展阶段，网络优化后，对 CDMA 手机发功率的要求会更小。

需要特别指出的是，目前进行的手机 SAR 测试得到的结果，均是在手机以最大发射功率和全速率的情况下得到的。CDMA 手机最大发射功率为 0.2W，GSM 手机最大发射功率为 2W，但 GSM 手机只在 1/8 的时间发射，而 SAR 值的测定是一个较长时间的平均，因此，GSM 手机和 CDMA 手机在这种情况下的 SAR 值相近是不足为奇的。在实际通信过程中，GSM 手机和 CDMA 手机都不会总是以最大功率发射，特别是 CDMA 手机以全速率，最大功率发射的概率极小。GSM 手机以大功率发射的概率远远大于 CDMA 手机大功率发射的概率，CDMA

手机的平均发射功率远远小于CDMA手机的最大发射功率，也远远小于GSM手机的平均发射功率。因此，在实际通信过程中的CDMA手机对人体辐射的实际SAR值将大大低于CDMA手机标称的SAR值，也远低于GSM手机实际的SAR值。

8.1.4　手机辐射的防护

手机给现代人的生活带来了极大的便利，但在使用中也因电磁辐射对人健康产生一定的影响。对手机的使用，关键是要避害趋利，自觉地减少电磁辐射影响。要减少手机电磁辐射对人体的负面影响，唯有懂得如何防护。手机电磁辐射的防护可根据以下几方面来进行。

8.1.4.1　购买低辐射手机

现在，手机正在如火如荼的销售中，但是出现了一些令人担忧的现象。一些厂家进行误导宣传，只强调手机的外观、功能和价格，却没有讲到手机对人体的健康安全性方面的问题。而很多消费者对手机的安全知识不了解或者不关心，过分的追求其造型和功能，忽视了劣质手机对身体造成的危害。

在发达国家，这方面最重要的标准是手机辐射对人体健康的安全性。如果这项标准通不过，性能再好的手机也不能投放到市场上出售。

首先，建议使用CDMA手机。其特点之一就是发射功率极小，因而减小了SAR值。普通GSM手机功率一般控制在600mW以下，而CDMA系统的发射功率最高只有200mW。CDMA手机对人体的电磁辐射要比GSM手机小得多。因此，CDMA手机有“绿色手机”之称。有消息称，在未来的几年里，CDMA手机市场将会是一个迅速膨胀的市场，手机将进入CDMA时代。小灵通虽然通话效果差一点，但是，从“远离辐射，珍惜生命”的角度，倒是应该保留。在日本，只有小灵通可以被带进医院。

由于我国还没有明确的国家电磁辐射量的标准，手机辐射基本处于不被监管状态。一些国内外的不法商贩，将国外由于电磁辐射超标而被禁止出售的手机通过进口或走私进入中国市场。也有一些国内的组装厂家，为快速占领市场，节省成本，有意降低电磁屏蔽部分的质量，造成了一些超大辐射量的手机混迹于市场。如果不小心购买了这样的手机，就会对消费者造成一定的危害。因此，购买手机时切忌“崇洋媚外”。另外，购机时要注意检查手机是否有信息产业部的入网标志，检查机身上国际移动设备识别码(IMEI)，检查机械序号是否正确，电池上是否贴有厂家的防伪标志，有没有保修卡、产品说明书等。因为所有合法在市面上出售的手机，都必须经过国家无线电管理委员会无线电监测中心、信息产业部移动通信设备质量监督检查中心的严格检验后，才能获得进网许可，并贴在手机上。凡是没有贴进网许可证的手机，绝大多数是安全性不合格的走私机。

表8-1为美国一家网站的统计结果，显示在美国市场销售的辐射最低的10款手机。

表8-1　手机SAR值统计结果

序　号	手机制造商及手机型号	SAR水平/W·kg^{-1}
1	Audiovox PPC66001	0.12
2	摩托罗拉 MPx200	0.2
3	摩托罗拉 Timeport L7089	0.22
4	Qualcomm pdQ-1900	0.2634
5	T-Mobile Sidekick	0.276
6	三星 SGH-S100	0.296
7	三星 SGH-S105	0.296
8	索尼-爱立信 Z600	0.31
9	三菱 G360	0.32
10	西门子 S40	0.33

其次，平时要多留意各种手机的宣传资料，看其是否采用了科学的、有效的辐射抑制技术。千万不能因为贪便宜而购买劣质手机，伤害你的身体。

再者，应参考其价格变化趋势。如果某种型号的手机价格急剧降低，而这种降低趋势是极不寻常的话，那么很有可能是用为电磁屏蔽技术不过关而急于出售淘汰的产品。购买手机的时候，应要求售机方提供现场测量报告，择优购买。

8.1.4.2　建议购买天线内置式手机

当人们使用手机时，人发出的音频信号必须转成高频率的电信号，通过天线以电磁波的形式发射出去，这时在手机及天线的附近就必然会产生较为强烈的电磁辐射。因此，手机的天线是同外界联系的一个通道，天线附近较为强烈的电磁辐射会对人体造成一定的伤害。手机的天线形式分为内置式和外置式两种。内置式手机和外置式手机尽管只是天线在手机上的位置的不同，而没有改变天线材料、阻抗等，但是内置天线由于手机的印制线路板（PCB）和金属屏蔽层会隔离掉一部分电磁波，所以具有内置式天线的手机对人体的电磁辐射要小于外置式天线的手机。

在信号不好的地方使用手机，拉出天线可以改善通话质量，并使手机在较低的功率水平上工作，从而降低手机电磁辐射强度。

对于手机制造商而言，应改变手机天线的形式，在这方面主要可以从以下两方面着手：

（1）采用折叠天线，通话时应将天线折向与头部侧面的垂直方向，远离头部。

（2）将手机天线置于手机外壳顶部的中央位置。若将天线设计在中部位置，使用时应打开机壳盖，机壳盖可用电波吸收材料制成，可以起到防护作用。

8.1.4.3　养成良好使用电话的习惯

（1）由于接听电话时，手机天线与头部之间的距离很近，手机天线和头部形成很复杂的电磁场，通话时间过长在头脑的某个局部会形成电磁能量“聚焦”，对头部有很大的伤害。因此，在手机通话时，尽量将天线远离头部，这样可以降低电磁辐射对头脑的伤害。在通话时尽量长话短说，缩短通话时间；在准备长时间通话时最好用固定电话，不得不用手机时应在通话过程中时不时地变换拿手机的姿势，这样电磁辐射的“聚焦”就会发生移位，可以避免某个部位长期接受电磁辐射，引起部分脑组织的变异甚至癌变。

（2）此外，使用耳机也可在一定程度上降低电磁波的辐射。SAR 的值与电磁波强度的平方成正比，而电磁波在超近感应场的强度是按照距离的四次方衰减的。所以，手机在免提使用状态下的电磁辐射比在非免提使用状态下的小，这是显而易见的。耳机产生的辐射仅相当于一个普通的电灯泡。

如果没有耳机的话，在接电话的时候最好先把手机拿到离身体较远的距离接通，然后再放到耳边通话。在手机呼出时，与网络最初取得联系的几秒钟(5～10s)内电磁辐射最大，随着振铃第一声响过，此辐射逐渐减小，因此在最初几秒，最好不要马上将手机贴耳接听。同样，接听电话时，最好在铃响三声后再进行接听。

（3）很多人为了避免别人听到自己谈话的内容，喜欢躲在角落里接听电话，这是一种很不好的习惯。因为在角落里面使用手机，信号通常是比较差的，这时手机的使用功率会自动加大，造成电磁辐射强度增大。同样，在电梯等小且封闭的环境里面使用手机同样可以使手机的电磁辐射强度增大。另外，当信号变弱时，许多人会尽量地将手机贴近耳朵以听清对方的声音。但手机的工作原理是：当其信号较弱时，它会自动提高电磁波的发射功率，导致其辐射的强度增大，所以此时把手机贴近耳朵，会使头部受到的辐射强度成倍增加。因此，应尽量避免在信号不好或不稳定的地方使用手机。

（4）有些人喜欢在打手机时来回走动，这样频繁的移动位置会造成手机信号的强弱不断变化，从而进一步增大手机的电磁辐射量。同样的道理，在行驶的车上打手机同样会造成辐射量的增大。

（5）平时注意手机的放置部位。很多女士喜欢将手机挂到胸前，男士喜欢把手机系在腰间或放在裤袋，这种放置手机的方法是极不正确的。手机挂在胸前和心脏贴近，两者会相互作用，影响心脏功能。尤其是心脏不好、心律不齐的人最好不要将手机挂在胸前。另外，研究显示，电磁辐射还会影响内分泌功能，导致女性月经失调，可能还会影响生育功能。

调查研究显示，那些将手机系在腰间或放裤袋的男性，精子数目会减少近3成，且剩下的精子也活动异常，进一步降低生育功能。

因此，将手机放在随身携带的包里或者夹克衫的口袋里是比较安全的方法，并尽量放在包或口袋的外层，以保证良好的通信信号，最好先将手机用防辐射的袋子包起来。此外，在家或办公室等时，最好将手机远离人体3m以上，睡觉时，不要将手机放在床边或枕边。专家介绍，手机辐射对人的头部危害较大，它会对人的中枢神经系统造成机能性障碍，引起头痛、头昏、失眠、多梦和脱发等症状，使人的脸部有刺激感。

（6）不要相信防辐射贴。目前市场上出售的防磁贴也不过一元钱。严格地说，防磁贴对于预防辐射是根本不起作用的。因为手机的辐射源是天线，而防磁贴被贴在听音器上，怎么会有效果呢？而把防磁贴贴在天线上也不行，因为这样会改变天线周围的磁场，使得天线的信号发生变化，此时的手机就无法接收和发送信息，通话不能正常进行。

8.1.4.4 下列人群尽量不要使用手机

由于手机有辐射，如果你属于下面的这些人，那么，请尽量不要使用手机。

（1）癫痫病人：手机在使用者大脑周围产生的电磁波，是空间电磁波的4~6倍，少数劣质手机更可能超出百倍，有诱发癫痫病的可能。

（2）心脏病人：手机电磁辐射可使心电图发生异常，装有心脏监视器的人需慎用手机，否则可能影响监测结果。

（3）严重神经衰弱者：长期使用手机，有可能加重失眠、健忘、多梦、头晕、头痛、易怒等神经衰弱症状。

（4）白内障者：手机电磁辐射可能使眼球晶状体温度上升、出现水肿，加重白内障人的病情。

（5）甲状腺功能亢进及糖尿病人：手机释放的电磁辐射可能会导致内分泌紊乱、加重甲状腺功能亢进、糖尿病等内分泌不调性疾病的病情。

（6）准妈妈及母乳喂养者：妊娠早期是胚胎组织分化、发育的重要时期，此时的胎儿最易受内、外部环境的影响。严重的电磁辐射除了有致畸作用之外，还可能导致产妇内分泌紊乱，影响泌乳。

（7）儿童和60岁以上的老人：手机辐射可能影响少儿大脑发育，严重的会诱发脑瘤；而电磁波会妨碍老年人大脑功能的正常发挥。

8.2 电脑的电磁辐射与防护

国家质检局2009年对北京、上海、重庆、浙江等14个省市的电脑进行了抽查，结果表明，目前市场上的电脑的主机机箱材料、显示器及键盘、鼠标等在辐射防护方面都比以前有了较大的提高，但仍有些企业的产品不合格，如四通、惠普、沐泽等知名电脑产品中的电磁辐射都不容忽视。

图 8-4　应该少打手机的八类人

图 8-5　电脑辐射

8.2.1　电磁辐射的来源

从辐射类型来看，电脑辐射主要包括电脑在工作时产生和发出的电磁辐射、噪声、紫外线、红外线辐射以及可见光等多种辐射，而其中以电磁辐射危害最大。从辐射来源来看，主要有显示器、机箱、音响以及打印机、复印机等附件。这些主要部件在工作时都会向外界辐射电磁能量。但幸运的是，除显示器之外，这些配件都是安装在具有电磁屏蔽能力的机箱里面，大部分电磁辐射已被屏蔽。所以，我们通常受到的辐射一方面来自显示器，而另一方面则来自主机。倘若显示器在电磁屏蔽技术方面不够严谨，那么用户可能一周5天、每天8h都会受到电磁辐射，对健康的危害显而易见。而机箱同样如此，设计不良的产品往往会发生电磁辐射泄漏，如果机箱与用户之间的距离太近，外泄的电磁辐射同样会影响到用户健康。

8.2.1.1　显示器的电磁辐射

显示器分为阴极射线管(CRT)显示器和液晶(LCD)显示器两类。CRT显示器是计算机中最严重的辐射源。CRT显示器通过电子枪发射电子束实现画面显示，对外发射电子本身就会产生严重的电磁辐射，尽管厚厚的含铅玻璃屏幕可在一定程度上阻隔辐射，但仍然有不少电子穿透阻隔层而直接照射到使用者。所以，如何削弱这部分辐射至关重要。

CRT彩色显示器在工作时，其内部的高压包、高频电子枪、偏转线圈、电路板、各部件之间的电源和信号接口与连线、数据线、接地线、荧屏等均可产生不同程度的电离辐射（低能X射线）、非电离辐射（低频、高频辐射）和光辐射（包括紫外线、红外线辐射和可见光等）等多种电磁辐射。其中光辐射为电子枪打在屏幕背后荧光层而发出的可见光和少量紫外线，只有少量的紫外线会对人体造成危害。X射线由电子束碰撞阴极射线管的内部前屏所产生，但因为能量极低，其辐射程度也可忽略不计。无线电场主要从CRT的控制电路部分发出，强度非常弱，经过短距离后基本上就衰减到零。静电场则是从CRT电子枪内部的加速电场所产生，最直接的体现就是会让屏幕吸附灰尘。而被认为对人体健康损害最严重的应该是低频电磁场，它主要由显示器的电源部分和垂直/水平扫描电场所产生，电磁场频率在$(5\sim400)\times10^3$Hz之间。

LCD显示器虽然没有高压电子枪产生射线，但是它的背光系统需要很高的电压（可达到1000V）来启动，不过在启动后，高压迅速变为低压。所以，相对阴极射线管显示器而言，LCD辐射要小得多。这是因为从原理上说，LCD显示器以液晶材料作为光线通过的开关来控制光线照射屏幕，进而获得画面输出。而这个过程并没有涉及紫外线、静电场、高压电源等容易产生辐射的部件，因此从这个方面考虑可以说LCD正面几乎是零辐射。另外，LCD和CRT显示器一样，机内同样需要一个高压电源，只是电源驱动的并不是电子枪，而是LCD背光模组中的冷阴极荧光管。此种荧光灯管其实和我们常见的日光灯一样，都需要较高的电压才能驱动，只是启动之后电压会迅速回落到较低的水平。因此，LCD的电源只需要维持一定时间的高压状态，然后转为常压甚至低压状态，而不必像CRT显示器的高压包一样始终要保持高电压状态。因此相对而言，LCD显示器电源部分对外辐射的低频电磁波会比CRT要弱很多，加上LCD的摆放位置往往贴近墙面。

所以不会背对着人体，这种辐射对人的影响可减弱到零。

8.2.1.2　主机的辐射

除了显示器有辐射外，主机的电磁辐射也是不可忽视的一个主要辐射源。主机的辐射主要来自于内部的配件，如电源、主板、内存卡、显卡等。它们在高频时产生强烈的电磁辐射，如果不加任何防护措施对人体的影响也很大。每台电脑里的芯片都以不同的频率振荡，内存条工作时，也有固有的振动频率。这些不同频率的电磁振动向外传播，就形成了电脑辐射。而主机的开关电源也产生一定量的高频电磁辐射，它们通过空气进行传播，直接影响着人们的健康。

不过机箱的金属外壳对电磁辐射能起到一定的屏蔽作用。不同材料的机箱，防辐射能力也不同。比如热浸镀锌钢板比电解镀锌钢板对电磁波尤其是对低频电磁波具有更强的吸附性，同时具有更好的散热性和导电性，可有效地屏蔽高频电磁波。高档的机箱会在钢板的表面通过特殊工艺镀上一层锌，锌层越厚，防辐射能力越强。

8.2.1.3　键盘、鼠标的辐射

使用电脑时发现光电鼠标一会儿红一会儿蓝，挺吓人的，有辐射吗？那无线鼠标和键盘的辐射是不是就比普通的有线鼠标和键盘要小呢？

据调查，普通有线鼠标辐射强度为 0.1μT[1 微特斯拉(μT) = 10 毫高斯(mGs)]；普通有线键盘为 0.11μT；无线鼠标上方 0.53μT；无线键盘上方 0.96μT；无线网关上方 0.15μT；打印机 0.11μT。可见普通键盘、鼠标，以及无线网关、打印机等的电磁辐射都不大，可放心使用。但无线键盘、无线鼠标辐射较大。因此尽量不要使用无线键盘和无线鼠标。

8.2.1.4　台式电脑的电磁辐射

在台式电脑的各部件中，显示器侧面和背面的辐射最强，其次是正面，但因为眼睛距离显示屏正面最近，所以来自正面的辐射最直接。显示器侧面和背面的辐射之所以最强，是由于图像是通过内置 30kV 的高压电子枪打靶形成的。

电脑显示器发出的电磁波频率大多在 1000MHz 以下。曾经有人对某品牌 CRT 台式电脑显示器进行了测量，显示器各个面上的电磁辐射强度分布分别如图 8-6 ~ 图 8-9 所示，测量过程中电磁分析仪的探头距显示器表面的距离约为 1cm。

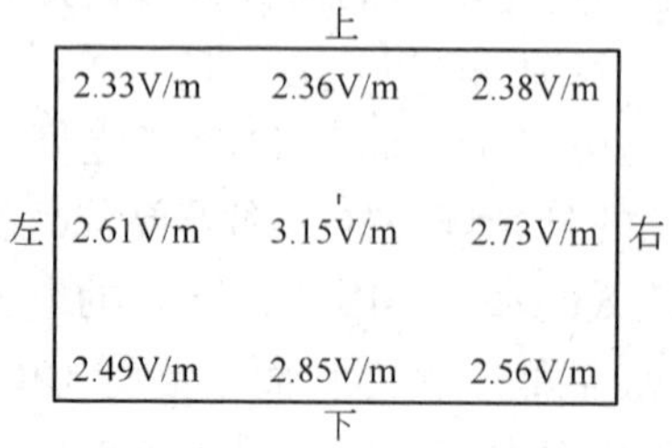

图 8-6　显示器正面电磁辐射强度分布

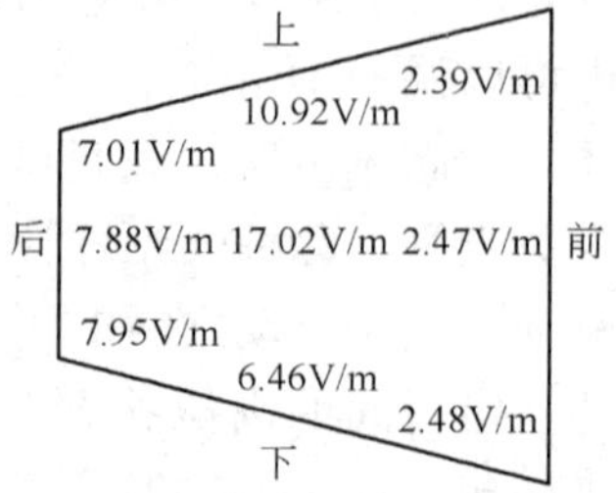

图 8-7　显示器右侧面电磁辐射强度分布

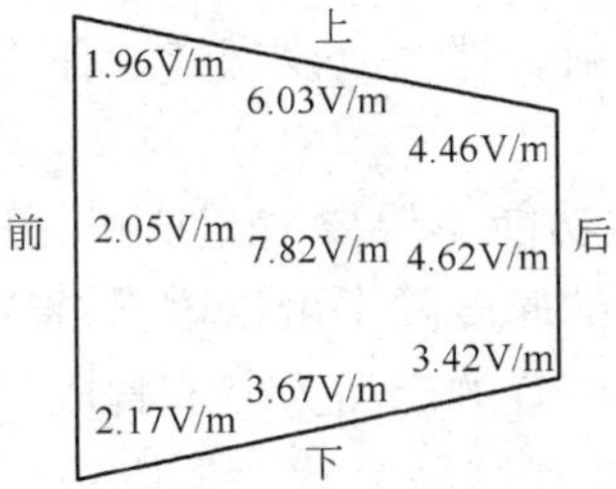

图 8-8 显示器左侧面电磁辐射强度分布

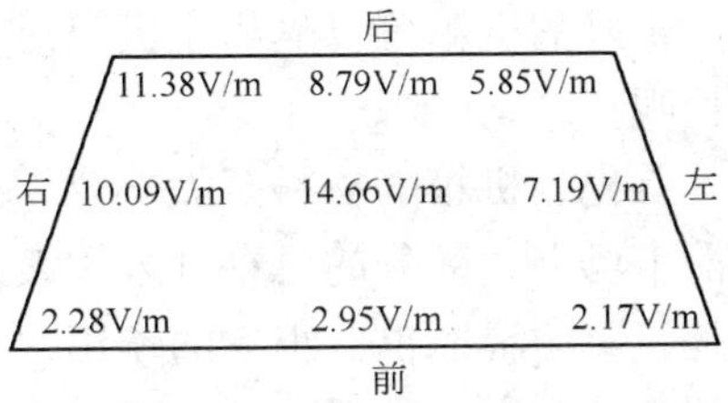

图 8-9 显示器正上面电磁辐射强度分布

另外，因为显示器的背面面积很小，经过测试发现数据基本相同，不同点之间的差额几乎为零，因此在其正中央选取了一个测试点，测试数据为 2.01V/m。

由于电脑工作频率主体为中短波，衰减的程度和距离有关。一般来说，人体距离显示器 20cm 之内，受到的辐射作用较强；而在 40cm 之外，辐射场强明显降低。以 8h 工作为标准，每平方厘米不超过 50kW 为国家标准限值。但从实际检测结果来看，有的办公环境电脑操作超标达上百微瓦，非品牌的老款机器超标多，组装机也存在问题。

8.2.1.5 笔记本电脑的电磁辐射

笔记本电脑和台式电脑有一定的区别，因为笔记本电脑的显示屏是液晶显示屏，故显示屏的辐射相比普通的台式机而言要小得多。测试结果显示：显示屏前 0.1m 的电磁辐射为 0.13μT，显示屏前 0.3m 则为 0.10μT，显示屏侧面 0.3m 为 0.13μT；键盘上方 0.19μT；电源适配器（常用的电源变换设备）辐射最大，为 0.22μT。因此，使用笔记本时应与电源适配器保持远一点的距离。

8.2.2 电脑电磁辐射的防护措施

电脑电磁辐射对人体的影响是无形的和缓慢的，对身体的伤害是由慢慢积累而产生的，它的危害不易被察觉。因此，必须充分认识到电脑电磁辐射的危害并采取有效的防护措施，减少电脑电磁辐射。预防电脑电磁辐射，防止“电脑病”，可以采取以下措施。

8.2.2.1 正确选择所使用的电脑

在购买的时候，尽量选择符合“绿色电脑”标准的产品，而且一般不要使用旧电脑或旧款电脑，一般而言，旧电脑在同等距离下的辐射相当于新电脑的 1~2 倍。因为自从有了电脑电磁辐射的概念以后，很多专业机构和电脑制造商就开始了防护电脑电磁辐射的研究，现在很多电脑在生产时所使用的材料、设计及其结构都较以前的旧电脑在电磁防护方面有了很大的改进。

前面介绍过电脑电磁辐射主要来源于显示器和主机，防辐射当然要从源头抓起。

A　如何选择机箱

良好的机箱可以隔离主机辐射，有效地防辐射，那么应该怎样选择辐射小的机箱呢？

首先，机箱的材料至关重要。机箱的防辐射功能主要要看它所采用的板材。目前市场上大部分的机箱都采用镀锌钢板，钢板的厚度除了可以增强机箱的稳固性外，对防辐射也有很大的作用，而市场上一些便宜的产品为了节省成本都是采用很薄的钢板。镀锌可以起到防腐的作用，锌极其容易氧化，生成一层氧化锌层，这样一来就可以阻止内部锌的进一步氧化。虽然都是镀锌钢板，不过根据镀锌方式、生产工艺以及镀锌量的不同，镀锌板还分为热浸镀锌钢板(GI)和电解镀锌钢板(EG)两种。

在质量方面，热浸镀锌钢板要比电解镀锌钢板优秀许多，其镀锌量可以达到每$45g/m^2$以上，而EG的镀锌量只有$20g/m^2$左右，镀锌量将直接影响到钢板的防辐射及抗氧化能力。热浸镀锌钢板对电磁波尤其是对低频电磁波具有更强的吸附性，同时具有更好的散热性和导电性，可有效地抵御高频电磁波。此外，热浸镀锌钢板的镀锌层与钢板间可以形成一层锌铁合金，这样镀锌层便会更为牢固，而EG的镀锌层则比较薄，因而GI的防腐蚀及防锈蚀的特性要远优于EG。

但是，在生产成本方面，热浸镀锌钢板的价格就要比后者贵出不少，所以目前市场上大多数的产品采用的都是价格较为便宜的电解镀锌钢板(EG)。

当然，目前还有一些高端机箱采用是全铝质材质，其防辐射功能更强。

除了板材以外，另外一个防止配件电磁辐射的地方就是机箱的整体设计，即机箱本身的密合度，其主要表现在机箱面板、前后侧挡板等的密合度上。对于一款防辐射性能较强的机箱而言，其必须采用高精密度模具，才能保证较高的防电磁辐射率，而且在细节方面的设计也不容马虎，比较像前置USB接口位，光驱位，后侧挡板接口位等，都必须有较高的无缝密合度设计，防止电磁辐射泄漏。现在有些朋友配电脑时选择透明机箱，认为其美观好看，但透明机箱的防辐射能力差。市场上销售的一些透明材质机箱，一般采用亚克力（有机玻璃）制造。虽然这种机箱外观相当漂亮，但是其防辐射能力却存在很大问题。因为，普通透明亚克力材质的机箱不具备防辐射能力，只有进行过真空金属镀膜以及电磁防护处理的机箱，才具备防辐射能力。出于造价成本考虑，市场上的大部分杂牌透明机箱一般都省去上面的工艺，建议大家购买大厂家生产的质量有所保证的透明机箱。

此外，机箱上的电磁干扰(EMI)弹片设计也可以提高机箱的防辐射能力，我们知道，良好的电磁屏蔽，就是要尽量减小外壳的开孔和缝隙，一般来说机箱上不能有超过3mm的开孔，并且所有可拆卸部件必须能够和机箱导通。要做到这点，可将机箱骨架和其他部件连为一体，阻止电磁波的泄漏。

然而一般电脑主机的机箱上都会有许多开孔，这是为散热而设计的，但正是这些开孔，也让电磁辐射有了出口。在组装机市场，不少机箱的经销商常常夸耀自己的机箱开口多么大，散热多么好。虽然开口大，散热好，但是辐射也肯定泄漏了不少。有些人为了给超频的 CPU 降温，甚至拆了机箱使用，这绝对是放“辐”出山。这里，超频 CPU 是指通过人为的方式将 CPU 工作频率提高，让它们在高于其额定的频率状态下稳定工作。

建议电脑初学者尽量选用实力雄厚厂商的品牌电脑，以尽可能减少超标的电脑主机辐射。大品牌电脑生产商通常有对电脑的线路进行改良，并且对供应商提出严格的标准，所选部件都经过电磁辐射测试，而组装机就难以做到这一点。

B 如何选择显示器

在显示器上，尽量选择质量较好的液晶显示器，这样会减少大部分的电磁辐射。

8.2.2.2 避免长时间连续使用电脑

连续操作电脑 1h 后应该休息 10min 左右。如果出现眼睛干涩、发红、有灼热或异物感，眼皮沉重，看东西模糊，甚至出现眼球胀痛或头痛，那就需要到医院看眼科医生了。

8.2.2.3 安装防护装置，降低电磁辐射的强度

在电脑的使用过程中还可以自己采取一定的防护措施，如在电脑的显示屏上安装专用绿色板以减轻辐射的伤害，还可以将屏幕的亮度进行一定的调整。据研究显示，屏幕的亮度越大，电磁辐射强度越高；反之，亮度越小，辐射也就越小，但是也不能太暗，亮度太小会影响效果且容易造成眼睛疲劳。

对于经常使用电脑的人可以使用防辐射服、防辐射屏、防辐射窗帘和防辐射玻璃等，这些都可以减少甚至杜绝电磁辐射的伤害。

8.2.2.4 孕妇抵御电脑辐射

孕妇防止辐射最好的办法是少用电脑，在怀孕 3 个月以前，最好是冷落你的电脑，即使是别人在使用电脑，也应该保持距离。在 3 个月以后，可以适当的玩电脑，不过也不能整天坐在电脑前接受这些电脑辐射，否则会影响胎儿的发育和免疫力，上网冲浪、聊天室、电子游戏之类的乐趣，都应该暂时放弃。不得不接触电脑时，穿戴防辐射服可以降低辐射影响。

8.2.2.5 注意电脑的使用环境

在使用电脑时一定要注意室内通风。研究证明，电脑的荧屏能产生溴化二苯并呋喃，这是一种致癌物质。因此，使用电脑时尤其要注意通风，或者在房间安装换气扇。而且，室内光线也是很重要的，不要过亮也不可过暗，这样可以避免光线直接照射在荧光屏上而产生干扰光线。另外，要保持舒适的温度、清洁的空气、合适的阴离子浓度。

电脑的摆放位置也很重要。对于台式电脑，辐射最强的部位是背面，其次是两侧，屏幕的正面辐射是最弱的，因此尽量不要让屏幕的背面朝着有人的地方。此外，距离越近，电脑电磁辐射越强，所以在使用电脑的时候，与电脑尽量保持一定距离，最好是保持 0.5m 以上。

还可以在电脑旁放上几盆仙人掌或者芦荟等植物，以有效地吸收辐射。也可以在电脑桌上放置几支香蕉，可以缓解眼睛的不适。

8.2.2.6　保持良好的生活习惯

（1）注意保持皮肤清洁。电脑荧光屏表面存在着大量静电，使空气中的灰尘带电，从而附着在脸部和手部皮肤裸露处，时间久了，易发生斑疹、色素沉着，严重者甚至会引起皮肤病变等。因此，在使用电脑后，尤其要及时用清水洗脸及裸露部位，这样可将辐射减轻 70% 以上。

（2）做好皮肤护理工作。上网前做好皮肤护理，屏幕辐射产生静电，最易吸附灰尘，长时间面对面，更容易导致斑点与皱纹。因此在上机前不要忘记在面部擦些保湿霜、护肤乳液，以增加皮肤的抵抗力。还可以使用隔离霜或珍珠膜，这些物质会在皮肤上形成一层保护膜，可以很好的阻挡电磁辐射的危害。

此外，电脑辐射会导致皮肤发干。身边放一瓶水剂产品，如滋养液、柔（爽）肤水、精华素等，经常给脸补补水。在自己的护肤用品中添加一些水分高的护肤霜和抗皱霜。

（3）注意补充营养。抵御电脑辐射的一个很好的办法就是喝茶。尤其是办公室一族，最简单的办法就是每天上午喝 2 ~ 3 杯的绿茶，吃一个橘子。长时间待在电脑屏幕下会使视网膜的视紫红质减少，而这种视紫红质是由维生素 A 合成。而茶叶中正含有丰富的维生素 A，能迅速被人体吸收，因此，绿茶不仅能消除电脑辐射的危害，还能保护和提高视力。除了绿茶外，菊花茶也能抵抗电脑辐射，调节身体功能。

另外，在平时的饮食中，应多吃些胡萝卜、豆芽、橘子及牛奶、鸡蛋、动物肝脏和瘦肉等，这些物质也可以补充人体内的维生素 A 和蛋白质。

8.3　其他家用电器的电磁辐射危害及防护

随着通讯业和家电业的发展，现代人在享受现代通讯设备的便捷和电器所带来的舒适的同时，也越来越多地受到来自各种电器和通讯器材的辐射，人们也暴露在一个电磁辐射不断增多的环境中。平时司空见惯的家用电器也会释放出一些电磁辐射，许多家用电器在启用时，都会产生不同强弱、不同波长和频率的电磁波，假如使用家庭电器的方式不恰当，或许就会将自己暴露于电磁辐射中，从而对人体健康造成威胁。

任何电器只要通上电流就有电磁辐射，超过 2mGs 以上电磁辐射可能导致人患疾病。各种电器产生的辐射量不尽相同，对于各种不同电器的具体的辐射量，日本出版的 SAPIO 杂志公布了一组家庭常用电器电磁辐射检测数据（见表 8-2）。

表 8-2 家庭常用电器电磁辐射检测数据参考表（mG）

电　器	电磁辐射量/mGs	电　器	电磁辐射量/mGs
咖啡机	1	电饭锅	40
传真机	2	复印机	40
电熨斗	3	吹风机	70
录像机	6	手　机	100
VCD	10	电　脑	100
音　响	20	电须刀	100
电冰箱	20	电热毯	100
空　调	20	吸尘器	200
电视机	20	微波炉	200
洗衣机	30		

一般的观点认为，电磁场会干扰细胞释出和吸收钙质的速度，导致癌细胞的产生，而低频辐射是人类癌症、生殖病变、遗传障碍、老年痴呆、健忘症的重要原因，而电磁辐射对儿童的危害最大，长期暴露在电磁辐射中会增加儿童得癌症的机率。

8.3.1 电视机的电磁辐射

电视机是现代生活不可缺少的家用电器之一，它可以把大量的信息准确及时地传递给众多的观众，看电视已是现代人休闲生活不可或缺的一部分。不少家庭有两台以上的电视机，而且很多家庭都会看电视到深夜。电视机的使用率如此之高，它的辐射问题也受到了较大的关注。

8.3.1.1 不同类型电视的辐射

电视机的电磁辐射量约 20mGs，市场上电视机的类型有很多种，主要为以下三种：

（1）传统显像管电视机（CRT）；

（2）等离子电视；

（3）液晶电视（LCD）。最权威的辐射评测在对传统 CRT 电视、液晶电视、等离子电视、背投电视一系列的辐射测试中，发现液晶电视、背投电视辐射最小，等离子电视稍强一点，传统 CRT 电视辐射最大。

传统 CRT 电视的显像材料是荧光粉，通过电子束撞击荧光粉而显示图像，电子束在打到荧光粉上的一刹那间会产生强大的电磁辐射，尽管目前有许多 CRT 电视产品在处理辐射问题上进行了比较有效的处理，利用屏幕来吸收一定的辐射，尽可能将辐射降到最低，但是想要彻底消除辐射是非常困难的。

CRT电视在正面0.5m的范围内，正常开机瞬间所产生的辐射值是0.12μT，正常观看时的辐射值是0.28μT，换台时为0.271μT，待机状态则是0.11μT，都在安全辐射范围之内。在正面3m处的测试结果显示：无论是开机、关机、正常观看、换台、待机状态，其辐射值都是0.121μT，辐射有很大程度的衰减。而我们日常观看电视时，大多数人的观看距离都在2.5m以上，根据以上的测试结果，表明传统显像管电视在正常距离观看时正面辐射不会对人体产生危害。但是电视机的背面辐射强度较大，经过测试，CRT电视机开机后在0.5m之内其背面辐射值高达4.8μT，无论是在背后加装玻璃、木板等障碍物，其辐射值都没有减小，甚至隔着10cm厚的墙辐射值还有0.9μT。不过人们通常摆放电视机时都是放在背面是墙的地方，如果放在背面对人的地方的话，处在电视机背面的人应该尽量远离电视机。

相对说来，液晶电视在电磁辐射的防护工作方面有着自己独特的优势，它采用了严格的密封技术将来自驱动电路的少量电磁波封闭在显示屏中，理论上是不存在辐射的，而普通显示屏为了散发热量的需要，必须尽可能地让内部的电路与空气接触，这样内部电路产生的电磁波也就大量地向外“泄漏”了。

有关部门2006年对一些液晶电视辐射进行了实际测量，结果表明一些小品牌的液晶电视辐射严重超标，主要原因是内部没有屏蔽罩。屏蔽罩是一个合金金属罩，是减少电视辐射至关重要的部件。电视内部电路板等元器件，在工作时发出高强度的电磁辐射，屏蔽罩可以起到屏蔽的作用，将绝大部分的电磁波拦在罩内，从而保护使用者免受电磁辐射的危害。液晶电视的使用年限一般是8～10年，过了这个安全年限的液晶电视会有安全隐患。

8.3.1.2　电视机的灰尘

日本国立环境研究所最新进行的一项研究表明，电视机会产生一定量的溴化二噁英和溴系有毒物质，这些剧毒化学物主要是电视机内的阻燃物在高温时裂变、分解产生的。而每克电视机内的灰尘中含有4.1μg溴化二噁英和230μg聚溴化二苯醚。以前，在欧美和日本等地都发现过溴化二噁英等物质引起的室内污染，但污染源和污染途径却一直没有查清。如今，这项新发现就能够较好地解释上述污染的来源了。二噁英的致癌作用非常大，而且还会引发心血管病、免疫功能受损、内分泌失调、流产或精子异常等。此外，电视机内大量积聚的灰尘，会不断向外扩散，形成可吸入颗粒。可吸入颗粒物的物质极为复杂，对人体健康危害较大。

8.3.1.3　电视电磁辐射的防护

随着电视屏幕越来越大、观看时间越来越长，电视辐射对人体的危害也越来越被人们所重视。那么，该如何正确地预防电视辐射呢？一般可以采取以下的措施来进行防护：

（1）注意开窗通风。经常开窗通风，可以有效地降低可吸入颗粒物和溴化二噁英等有害物质的浓度。看电视时最好每隔 1h 把窗户打开，每次通风换气约 10min。不要长时间看电视。

（2）观看电视时保持一定的距离。电视的电磁辐射与距离远近有关系。液晶电视一般在 2m 以内辐射较大，而 42in（英寸）以上的平板电视在 2 ~ 3m 外电磁辐射影响较小。另外，长时间近距离地观看大屏幕会产生视觉疲劳，因此购买时要考虑到房间的大小，一般说来，观看距离在 2 ~ 2.5m 之间时购买 29in 的产品，2.5 ~ 3m 时，可以选择 34in 的电视，3.5m 以上则可选择 37in 或 40in 以上。而且要在电视机的正前方看电视。

（3）保持电视机的清洁。清洁电视机除了可以保持卫生以外，还能减少电磁辐射。在电视电磁辐射危害中提到，电视产生的静电场会使灰尘带有电荷，即使关掉电视，带电灰尘依然会继续危害你的健康。因此，液晶电视最好要经常擦拭，保持外部清洁。此外，电脑内部灰尘还会导致耗电量增加，严重者会烧坏电子器件。所以，电视机在使用一段时间后最好送到电视维修点，进行内部除尘处理。

（4）电视机周围尽量少摆放别的电器。液晶电视附近尽量不要摆放过多的电器，像电冰箱、空调这样的大电器更应尽量远离。这样做除了避免在观看电视时受到更大的辐射影响，还可避免产生磁场干扰。此外，室内也不要放置闲杂的金属物品，以免形成电磁波的不断反射。

（5）在电视周围摆放绿色植物。任何动植物都有吸收辐射的自然能力，因此可以在液晶电视旁放一些绿色植物，以减少辐射。不过，在液晶电视旁边摆放绿色植物是有一定限制的，因为液晶电视很多都不带防水保护，而水养植物或过多绿色植物带来的湿气会严重影响到电器的使用安全和使用寿命。因此，摆放在液晶电视附近的最好是仙人球、仙人掌或芦荟等耐旱的绿色植物。

（6）不要边看电视边吃饭。因为二噁英非常容易附着在食物上。看完电视后，要用温水洗洗裸露的皮肤。

（7）边看电视边喝茶。专家认为，平时多喝绿茶可起到一定的抗辐射作用，看电视时更加适合。除此之外，电视屏幕产生的辐射会导致人体干燥缺水，加速老化。因此，在你看电视的过程中不妨泡上一壶茶，既可以抗辐射，又可以给身体补水。如果不习惯喝绿茶，菊花茶也能起到同样的作用。

（8）选用环保型的电视机。选用环保型的电视机，可以从电磁辐射源减少辐射，尽可能减少污染。

8.3.2 电吹风的电磁辐射

电吹风在家庭、宾馆、发廊等场所使用相当广泛，电吹风属于小家电行列，很多人都想不到，电吹风在工作时产生的电磁辐射量在家用电器中居然是名列前茅。一个 1000W 的电吹风，辐射值居然达到 350mG，远远超过对人体造成危害的最低辐射值 2mG，而电视机和电脑分别仅仅只有 45mG 和 100mG，远远低于电吹风。而且使用电吹风的时候，电吹风距离头部是最近的，所以这种危害是不言而喻的。

电吹风把手处的电磁辐射量在 100mG 以上，距离 15cm 时为 10mG，在距离出风口 3cm 处，低频辐射量为 42. 8mG，再远一点，大约 8 ~ 10cm 处，也就是我们平时吹头发的距离，这里的辐射量就只有 5. 5mG 了。

电吹风的电磁辐射对大脑有影响，建议先用毛巾尽可能擦干头发再吹干，在开启和关闭电吹风时，最好尽量离头部远一点，而且在使用的时候应将电吹风与头部保持垂直，不能长时间地使用，最好要间断地使用。

图 8-10　如何正确使用电吹风

8. 3. 3　微波炉的电磁辐射

微波炉是当之无愧的“辐射大王”，微波炉的辐射主要集中在门缝和门玻璃中央，距离微波炉 10cm 处的电磁辐射量为 40 ~ 102mGs，距离 50cm 处为 4. 3 ~ 8. 2mGs，启动时辐射最大。因此烹饪时不要过于靠近，使用时至少离炉 0. 5m 以上。

8. 3. 3. 1　微波炉电磁辐射危害原理

因为微波炉加工食物既方便，又经济实惠，中国家庭微波炉使用率超过 44. 3%。但是在微波炉的背后却存在一个很严重的问题，即它的电磁辐射对我们的健康可能具有潜在的危害。

首先了解一下微波炉是如何工作的。微波炉里有个叫磁控管的电子管，释放频率为 2450Hz 的微波，迫使食品中自由自在、杂乱无章排列的各个水分子，按照微波电场的方向首尾一致地“排队”。微波电场每秒钟变化几十亿次，水分子也随着节奏运动几十亿次，这样频繁的运动产生了大量的热能，将食品“烧”熟了。

科学家发现从微波炉中泄漏出来的微波在空间传播时，它的衰减程度与离微波炉的距离平方大致成反比关系。如果我们与工作的微波炉距离太近，会因受到过量的辐射能量而出现头昏、睡眠障碍、记忆力减退、心动过缓、血压下降等状况。我们身体各器官中最容易受到微波伤害的部位就是眼睛。如果眼睛较长时间受到超过安全规定的微波辐射，视力会下降，甚至引起白内障。研究发现，当人眼靠近微波炉泄漏处约30cm，微波漏能达1mW/cm^{2}时，会突然感到眼花，眼底检查可发现视网膜黄斑部上方有点状出血。

1991年，一位名叫NormaLevitt的妇女死于一次接受经微波炉加温至人体温度的输液。这说明仅用微波炉把血液加热到体温就能使血液的化学性质发生变化，从而置人于死命。

8.3.3.2 微波炉电磁辐射的防护

在所有家用电器中，微波炉的磁控管的频率是很高的，因此微波炉是应该要小心的家电之一，其辐射比便携电话还要高。要正确使用，否则不但减少它的寿命，还会危害人的健康。

首先，应将微波炉放在通风处，微波炉的顶部、左右两侧、后壁都要留有10cm以上的空间。如果微波炉的内外表面凝结许多水汽，说明里面湿度很大。此时不要立即使用，应先将水汽擦干。

其次，不要将微波炉与其他家用电器接在一个电源插座上，否则，这些家电之间的电磁波会相互影响，干扰更严重。

再次，要保持微波炉的清洁。微波炉比较容易藏污纳垢，不仅影响食物的卫生，而且还会引起火花或烟雾，使得电磁辐射增加。因此要定期对其进行清洗。

最后，一般说来，微波炉泄漏出来的微波离人越远，危害就会越小。因此微波炉工作时，应保持一定的距离，操作者距离微波炉0.5m时的辐射就能衰减到0.46μW/cm^2（1μT = 100μW/cm^2），国家规定的电磁辐射强度安全值是10μW/cm^2，这个数值对于包括婴儿和老弱病残孕在内的任何人群都是安全的。此外，不要把眼睛靠近观察窗，因为眼睛对微波辐射格外敏感。

通常情况下，人体距离微波炉1m以上辐射大大减小，但用安全起搏器的人例外，此类人群最好远离微波炉，以免起搏器受到干扰。微波炉具有较强的致热效应，长时间的微波辐射会损伤眼睛，所以家里摆放微波炉的高度，最好是在头部以下，防止人脑和眼睛受损。孕妇和儿童要尽量避免使用微波炉。

8.3.4 电磁炉的电磁辐射

近些年来，电磁炉很流行，但同时，电磁炉的辐射是一大弊端。电磁炉的电磁辐射量在距离 10cm 时为 80 ~ 370mGs，距离 50cm 时为 5. 5 ~ 7. 2mGs。

8. 3. 4. 1　电磁炉产生电磁辐射原理

电磁炉是采用磁场感应涡流加热原理，利用电流通过线圈产生磁场，当磁场的磁力通过含铁质锅底部时，即会产生无数小涡流，使锅体本身自行高速发热，然后再加热锅内食物，也就是说电磁炉是直接利用电磁辐射对锅具进行加热的。在其工作过程中会产生极低频的电场与磁场，对一定范围内的环境会构成电磁污染。普通的电磁炉在工作时线圈上产生的电磁辐射除了给炉面上的锅体加热外，还有一部分电磁辐射会从电磁炉炉体和锅体向外泄放，这就产生了所谓的外泄电磁辐射，这部分电磁辐射会危害人体健康。这种外泄电磁辐射的强度大小与电磁炉功率和电磁炉的质量有关系。

8. 3. 4. 2　电磁炉的电磁辐射

电磁炉将 2kW 左右的电能全部转化成磁能进行加热，所泄漏的电磁辐射危害强度比国家规定的人体容忍能力高出好几倍。可以通过这样一个实验来证明电磁炉的电磁辐射：收音机的工作原理是把外界的电磁波转换成声音，当外界的电磁辐射大于收音机接受的电磁波时，就会干扰收音机的工作，外界电磁波强度越大，干扰越强烈。首先收音机调到中波，选择一个合适的电台频率，在家中的电器全部关闭或远离家用电器的情况下，收音机工作正常，声音清晰且不发出任何杂音。然后拿着收音机在工作的电磁炉附近时，结果相当惊人，离电磁炉还有 2m 以上时，干扰已经相当明显，距离为 1m 时，已经几乎干扰到无法收听的地步，在距离 0. 5m 之内时，收音机已经完全无法正常工作，完全是杂音，正常的广播完全被掩盖，而且还有短促的杂音有规律的发出，这充分说明了电磁炉的辐射量之大令人咋舌。

8. 3. 4. 3　如何减少电磁炉的电磁辐射

为了消除电磁炉外泄辐射，在选购的时候可以使用无辐射电磁炉。这种电磁炉的工作原理是先将外泄电磁辐射（包括机体辐射和锅具辐射）屏蔽回收对锅体进行加热再利用，然后将无法利用的残余外泄辐射进行技术处理后消除掉，从而实现提高电磁炉热效率和无外泄电磁辐射的目的。

其次是尽量减少电磁炉的使用时间，在使用的时候尽量保持距离。因为电磁炉的电磁辐射和别的电器一样，是随着距离的增加而迅速减弱的。那么电磁炉的安全距离是多少呢？由于电磁炉的辐射主要集中在操作面板中央，操作者距离操作面板 30cm 以上的距离是比较安全的，大于 30cm 处的辐射强度已有较大程度的衰减，当然如果能保持更大的距离就更安全了。

最后，在不用的时候一定要拔下插头，尽量避免残留微量辐射。

8. 3. 5　冰箱的电磁辐射

不要认为电冰箱没有电磁辐射，冰箱的电磁辐射量在正面底部为 5mGs，

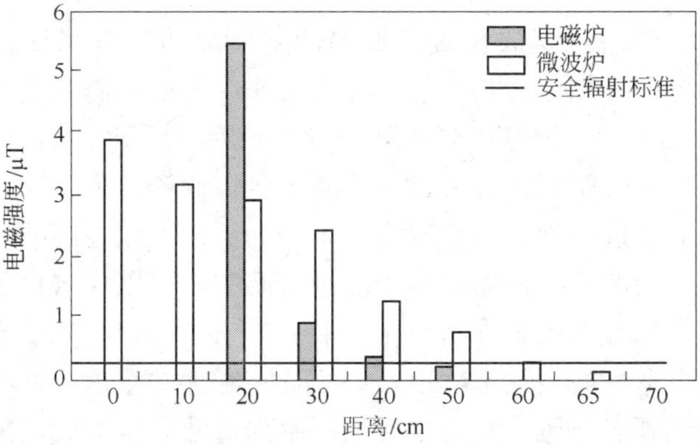

图 8-11 电磁炉和微波炉强度随距离的衰减（安全距离分别为 50cm 和 65cm）

冰箱周围 30cm 以外就降至 1mGs 以下。《环境电磁波卫生标准》中规定 10μW/cm² 即 1mG 属于高辐射区，很多人喜欢将冰箱放在客厅里，这是非常不科学的。

冰箱在工作时，后侧方和下方的散热管线释放的磁场高出前方几十甚至几百倍。此外，冰箱的散热管灰尘积太多的话也会影响电磁辐射，灰尘积得越多，电磁辐射就越大。因此，应该经常用吸尘器把散热管上的灰尘吸掉。

另外，冰箱与电视不能靠得太近，冰箱工作时产生电磁波会影响电视效果，说明电冰箱的电磁辐射是非常大的。而且，不同波长的电磁波叠加会形成一种电子雾，这种电子雾会影响到人的神经系统和生理功能。

冰箱要放在厨房等不经常停留的场所；尽量避免在冰箱工作时靠近它。

8.3.6 电热毯的电磁辐射

电热毯是与人体接触距离近、接触时间长的大众型家用电器，它的电磁波辐射对人体伤害十分严重。目前市场上的绝大多数电热毯会产生较强的电磁辐射，在距离 5cm 时的电磁辐射量为 20～100mGs，超出辐射电磁波辐射安全限值的几十倍。因此应该尽量少用。若要使用，在购买的时候，尽量选用低辐射的电热毯，应在睡前充分加热，在睡觉时把插头拔下。而且还可以买一块屏蔽布，铺在电热毯上面，包严了再接地，这样也可以防止过量电磁辐射。

8.3.7 加湿器的电磁辐射

北方秋冬季天气干燥，许多人回到家里是暖气，虽然得到了温暖，但很多朋友都会感觉到觉得嗓子很干，所以身边准备一台加湿器是很有必要的。因为超声波加湿器产生白粉，很多人喜欢使用号称“干净”的风扇式加湿器，其辐射高达 491μT。

使用加湿器时要注意摆放位置。加湿器主要起的是湿润整个室内空气的作用，放在哪里都可以。加湿器是电子产品，工作中可能会有一些电子辐射，最好不要离人体太近，与人体的距离至少保持在 2m 以上。很多人喜欢将加湿器放在床头柜上，这样睡觉时距离头部太近，不利于身体健康。

如果将加湿器放远，晚上仍觉得空气干燥的话，可以在睡前提前一两个小时打开加湿器。空气的湿度要根据具体情况进行调节，可以用湿度计进行测量，并根据空气湿度调整加湿器的工作状况。

另外，人体最适宜的空气湿度也是细菌适宜滋生的湿度。所以，在使用加湿器时，要注意适时开窗通风，同时也要保持室内清洁卫生，尤其要减少可吸入粉尘的量，还要定期清洁加湿器，以免其内部滋生致病微生物。

8.3.8　其他家电的电磁辐射与防护

8.3.8.1　其他家用电器的辐射量

除了前面讲述的家用电器之外，我们还使用着其他的许多家电，如空调、吸尘器、电须刀、VCD 机、电熨斗、无绳电话、电水壶、洗衣机、衣类烘干机、电饼铛等，都在不同程度的放出电磁辐射。

（1）空调。室内机电磁辐射量最大为 30mGs，离开 30cm 为 1mGs；室外机离开 50cm 时电磁辐射量为 15mGs，离开 1m 为 1.6mGs。

（2）吸尘器。吸尘器的电磁辐射量为 200mGs。

（3）电须刀。电须刀的电磁辐射量为 100mGs。

（4）VCD 机。VCD 机的电磁辐射量为 10mGs。

（5）电熨斗。电熨斗的电磁辐射量为 3mGs。

电熨斗的辐射也不小，建议把温度一次加热到位，用一会再继续加热，不要边加热边熨衣服。

（6）无绳电话。无绳电话的电磁辐射量为 200mGs。无绳电话辐射很大，孕妈妈尽量不要接触。

（7）电水壶。电水壶的辐射也比较大，至少要保持 30cm 以上的距离。有些上班族（特别是白领）喜欢在办公桌上放个电水壶，长期使用应尽量把电水壶放置在离身体比较远一点的桌角，确保距离大于 30cm。

（8）电饭锅。电磁辐射量：煮饭、保温使用中 30cm 以内 2 ~ 10 mGs。应保持距离，用完后拔下插头。

（9）洗衣机。电磁辐射量：贴近洗衣机超过 100mGs；正面离开 30cm，侧面离开 70cm，就降为 1mGs 以下。

（10）衣类烘干机。电磁辐射量：正面超过 100mGs，离开 40cm 就降为 1mGs

以下。

(11) 电饼铛。电饼铛可以用来烘、烤食物，做煎饺等，还可以用来做铁板烧。它的辐射范围较大，但如果人能与之保持10cm以上距离时，辐射就比较弱了。使用电饼铛时，应避免站在旁边等候。

8.3.8.2 家用电器电磁辐射的防护

电磁辐射虽然对人体产生一定危害，但也大可不必害怕。科学的态度是要有一个“量”的概念。在量方面，我国和世界上的大部分国家都是有标准的。国家环保局在1988年制定了电磁辐射防护规定(GB 8702—1988)，1997年国家环保局颁布了《电磁辐射环境保护管理办法》，制定了安全的环保标准。例如，国家在900MHz这个频段制定的环保标准是$40\mu W/cm^2$，而许多发达国家的标准是$200\mu W/cm^2$，是我国标准的五倍。香港在这个频段的标准更低，大约400多微瓦。由此可以看出，我国的安全标准是比较严格的。因此，在这个标准范围内，在实际工作中的操作人员和附近的广大居民的身体健康是有保障的。如果环境污染不可避免，可采用屏蔽的方法来减轻危害。根据国家对家电辐射的相关标准，只要小于12V/m就符合国家标准。

家庭中的电线，电视、电脑、电器、电话等家电都可形成一个电磁场，对人体内的磁场会造成一定的干扰，必须得采取防护措施。

(1) 购买家用电器等产品最好购买质量过硬的品牌产品，可以跟商家索要电磁辐射检测报告，以及查看产品上是否有3C认证标志，一些“山寨”产品虽然便宜，却存在辐射量超标的危险。

(2) 不要让电器扎堆。在家居环境中，部分家电不要混放在一起。特别是一些易产生电磁波的家用电器，如收音机、电视机、电脑、冰箱等不宜集中摆放。家用电器放在一起，电器之间的电磁波会相互干扰。特别是电视、电脑、电冰箱不宜集中摆放在卧室，以免让自己暴露在超剂量辐射的危险中。而且有的家电之间会产生“相克”作用，导致散热、通风功能失灵。

某部队的士官公寓房面积不大，但电视机、电冰箱、电脑、微波炉等家用电器样样齐全。部队一士官住进去一段时间后，感觉不正常，夜里总是睡不好觉，半夜常醒来，导致第二天上班十分疲惫，影响了工作和训练。此前，在宽敞的集体宿舍里面，睡眠质量一直都是很好的，他不知道为什么会出现这种情况。后来才发现，由于公寓面积较小，在有限的空间里面摆放了太多的家电，导致了较强的电磁辐射。由于电器处于操作使用状态，它的周围存在着电磁辐射，而人体是导电体，电磁作用于人体可产生电磁感应，扰乱人的正常生理活动。

(3) 正确使用电器。购买家电产品，最好向制造商了解清楚使用规范，买回家后最好先查看说明书，检查一下机器，以免在使用中出现操作失误导致电磁辐射泄漏等现象。如微波炉的辐射危险主要在于能量外泄，如果微波炉门缝太脏，或者是门柱有问题，就可能产生微波外泄，所以要经常对微波炉进行清洗。

然后在电器不用时，尽量关掉电源，而不是让它处于待机或备电状态，因为此时会产生较弱的电磁场。以长远计，这样不止可以省电，或许还可以减少微量辐射的累积。

电器应避免长时间操作。公寓里的儿童、孕妇和体弱的老人应严格控制看电视、用电脑的时间。

最后，应该定期检查主要家用电器的辐射状况，

（4）保持良好的室内环境。磁能使空气中的电离层分离，如果总是在密闭的环境中，一旦碰到人的皮肤，就很容易吸附上去，久而久之就会对人的健康造成影响。因此室内要保持良好的工作环境，如舒适的温度、清洁的空气等。

因为水是吸收电磁波的最好介质，可在室内多放几瓶水。不过，必须是塑料瓶和玻璃瓶的才行，绝对不能用金属杯盛水。

（5）加强自我保护。对于家电的电磁辐射，必须提高自我保护意识，防患于未然。尽量远离辐射源，注意人体与家用电器的距离，对各种电器的使用，应保持一定的安全距离，一般说来 1.5m 就基本上安全了。

此外，在饮食上可多吃一些富含维生素 A、维生素 C 和蛋白质的食物，特别要多吃海带，能有效加强抵抗电磁辐射的能力。还可多饮茶水，茶叶中的茶多酚等活性物质有利于吸收与抵抗放射性物质。

8.3.9　小结

图 8-12 为几类典型家电的电磁辐射对比图，表 8-3 为对各种家用电器辐射强度以及如何防护的小结。

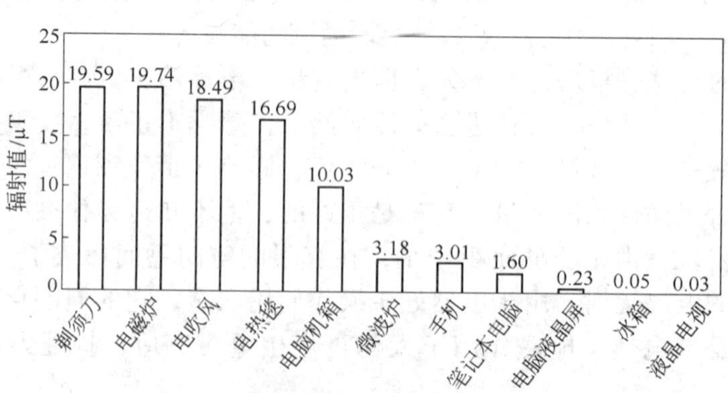

图 8-12　谁是家电辐射大户

（电磁炉、微波炉和液晶电视为正面距离 10cm 处的辐射值）

表 8-3 各种家用电器的辐射总结

家电类型	辐射指数		防辐射对策
电视类	传统显像管电视机（CRT）	★★★★☆	液晶电视、背投电视辐射最小，等离子电视辐射在安全范围内，CRT 电视相对较大，但主要在电视后面，观看时注意保持一定距离，尤其是儿童； 电视，特别是 CRT 电视，在客厅的摆放不要紧靠着卧室的那面墙，电视后面不要正对着卧室的床头
	等离子电视机	★☆☆☆☆	
	液晶电视机	★☆☆☆☆	
	背投电视机	★☆☆☆☆	
电脑类	台式电脑主机	★★★☆☆	液晶显示屏的辐射很小，CRT 显示器略大，但均在安全范围；主机后面、侧面辐射较大，不要敞开机箱使用；笔记本电脑辐射集中在键盘上方
	CRT 显示器	★★★☆☆	
	液晶显示器	★☆☆☆☆	
	笔记本电脑	★☆☆☆☆	
	普通鼠标、键盘	★☆☆☆☆	普通键盘、鼠标，以及无线网关、打印机的辐射都不大，可放心使用。但无线键盘、无线鼠标辐射较大，建议不要长时间使用。低音炮音箱的辐射也较大，使用时至少保持 0.5m 距离； 使用电脑，注意保持适当距离，避免长时间连续操作；注意中间休息；注意补充营养，经常使用电脑的人应多吃些胡萝卜、白菜、豆芽、豆腐、红枣、橘子以及牛奶、鸡蛋、动物肝脏、瘦肉等食物，以补充维生素 A 和蛋白质，并适量饮茶
	无线鼠标、键盘	★★★★☆	
	低音炮音响	★★★★☆	
	无线网关、打印机	★☆☆☆☆	
	电源接线板	★★★★☆	
制冷制热家电	空调	★☆☆☆☆	空调、油汀电暖气辐射较小，可放心使用。红外电暖气、电热毯辐射较大，使用时需多注意； 红外电暖气，距离 1m 以上，便是安全的。使用电热毯时，建议加热好后拔掉电源
	油汀电暖气	★★☆☆☆	
	红外电暖气	★★★★★	
	电热毯	★★★★☆	
居家生活	风扇加湿器	★★★★★	风扇加湿器辐射较高，距离达到 1.2m 以上时，其辐射就衰减到了 0.17μT，进入了安全区； 至少保持 1m 以上的距离，不能为了贪图舒服而将加湿器放在离自己太近的地方，特别是利用电脑工作时和晚上睡觉时
	超声波喷雾加湿器	★★★★☆	
	吸尘器	★★★★★	吸尘器辐射较大，电吹风和电熨斗的辐射也不小，使用时均需注意； 尽量少用，使用时离儿童远一些
	电吹风	★★★★★	
	电熨斗	★★★★☆	
	浴霸	★★☆☆☆	

续表 8-3

家电类型	辐射指数		防辐射对策
厨　房	电磁炉	★★★★☆	电磁炉辐射较大，电火锅相对较小，微波炉启动时辐射最大； 电火锅的电源线接头处和锅盖中央辐射都较大，但只要距离 20cm，辐射就衰减到 0.191μT 以下了，因此在使用时请保持 20cm 以上的距离； 电磁炉的辐射主要集中在操作面板中央只要保持 30cm 的距离，即可放心使用。使用电磁炉、电火锅的时间不要太长，使用时应保持一定距离； 微波炉启动时辐射最大，在用微波炉烹饪时，不要过于靠近。微波炉辐射主要集中在门缝处和门玻璃中央，距离 0.5m 时，辐射就衰减到了 4.60μW/cm，对人体不构成威胁
	电火锅	★★★★☆	
	微波炉	★★★★★	
	电冰箱	★☆☆☆☆	电冰箱、电饭煲辐射较小，可放心使用；抽油烟机辐射略大一点，属于警戒范围，注意使用时不要贴得太近 豆浆机、榨汁机辐射都较大，使用时需特别注意。注意保持至少 0.5m 的安全距离。最好不要让小孩离太近
	抽油烟机	★★★☆☆	
	电饭煲	★☆☆☆☆	
	电热水壶	★★★★☆	
	榨汁机	★★★★★	
	豆浆机	★★★★☆	

参考文献

[1] 陆雍森．环境评价(第二版)[M]．上海：同济大学出版社，1999.
[2] 奚旦立，孙裕生，刘秀英．环境监测(第三版)[M]．北京：高等教育出版社，2004.
[3] 何德文，李铌，柴立元．环境影响评价[M]．北京：科学出版社，2008.
[4] 潘仲麟，翟国庆．噪声控制技术[M]．北京：化学工业出版社，2008.
[5] 马大猷，等．噪声与振动控制工程手册[M]．北京：机械工业出版社，2002.
[6] 吕玉恒，等．噪声与振动设备及材料选用手册[M]．北京：机械工业出版社，1999.
[7] 马大猷．噪声控制学[M]．北京：科学出版社，1987.
[8] 张邦俊，翟国庆．环境噪声学[M]．杭州：浙江大学出版社，2001.
[9] 中国标准出版社第二编辑室．环境保护国家标准汇编(1989～1994)[M]．北京：中国标准出版社，1995.
[10] 国家环境保护总局环境工程评估中心．环境影响评价技术方法[M]．北京：中国环境科学出版社，2005.
[11] 孙广荣，吴启学．环境声学基础[M]．南京：南京大学出版社，1995.
[12] 陈秀娟，等．实用噪声与振动控制(第二版)[M]．北京：化学工业出版社，1996.
[13] 唐狄毅，李文兰，乔渭阳．飞机噪声基础[M]．西安：西北工业出版社，1995.
[14] 周新祥，等．噪声控制及应用实例[M]．北京：海洋出版社，1999.
[15] 樊鹏，等．工业噪声与振动的防治[M]．沈阳：沈阳出版社，1997.
[16] 周新祥．噪声控制技术及其新进展[M]．北京：冶金工业出版社，2007.
[17] 袁昌明，方云中，华伟进．噪声与控制技术[M]．北京：冶金工业出版社，2007.
[18] 高红武．噪声控制工程[M]．武汉：武汉理工出版社，2003.
[19] 陈克安．有源噪声的控制[M]．北京：国防工业出版社，2003.
[20] F. A. White. Our Acoustic Environment. New York：John Wiley & Sons Ltd.，1975.
[21] 潘仲麟，翟国庆．噪声控制技术．北京：化学工业出版社，2006.
[22] 顾强，王昌田．噪声控制工程．北京：煤炭工业出版社，2002.
[23] 高红武．噪声控制工程．武汉：武汉理工大学出版社，2003.
[24] 刘惠玲．环境噪声控制．哈尔滨：哈尔滨工业大学出版社，2002.
[25] 李耀中．噪声控制技术．北京：化学工业出版社，2001.
[26] 黄其柏．工程噪声控制学．武汉：华中理工大学出版社，1999.
[27] 周新祥．噪声控制及应用实例．北京：海洋出版社，1999.
[28] 李敏毅，孙海涛，吴杰歆，等．混响时间及测量方法简介[J]．中国测试技术，2005，31(1)：18～20.
[29] 张戈，黄旭华．城市道路的优化设计[J]．广东科技，2008，6(189)：177～178.
[30] 张胜．城市道路交通噪声的危害与治理[J]．安徽科技，2006，7：53～55.
[31] 解国珍，高原．空调系统噪声分析及降噪措施探讨[J]．建筑热能通风空调，2008，27

(6): 74 ~ 77.

[32] 曾永. 凤阳县建筑噪声污染现状调查及防治对策[J]. 安徽技术师范学院学报, 2004, 18(5): 44 ~ 47.

[33] 李佩军. 浅谈如何加城市建筑噪声的管理[J]. 沿海环境, 2003, 9: 40 ~ 41.

[34] 胡勇军. 马钢工业厂房建筑噪声的控制探讨[J]. 安徽冶金, 2009, 1: 16 ~ 17.

[35] 孟苏北. 城市住宅区低频噪声对人类健康的危害[J]. 中华医学实践杂志, 2007, 6(2): 112 ~ 114.

[36] 刘素香. 中低频噪声对电力生产工人健康影响的调查研究[J]. 职业与健康, 2003, 19(12): 33 ~ 35.

[37] 肖全华, 李舒才, 谭亮英. 噪声对女性生殖机能妊娠结局影响回顾性队列研究[J]. 中国职业医学, 2001, 28(3): 42 ~ 44.

[38] 陈美丽, 何兰波. 低频噪声对人体健康的影响[J]. 新医学导刊, 2008, 7(10): 55 ~ 56.

[39] 陈绍元. 低频噪声舒适度研究现状[J]. 建材世界, 2009, 30(2): 76 ~ 79.

[40] 杨伟荣. 社会生活环境噪声排放标准实施[J]. 制冷与空调, 2009, 9(4): 23 ~ 25.

[41] 环境保护部. 2009 年中国环境公报[R]. 2010. 5.

[42] 陈嵘, 王平. 客运专线无碴轨道噪声问题探讨[J]. 铁道科学与工程学报. 2006, 3(5): 60 ~ 63.

[43] 张梅, 傅静波, 梁志成. 我国电磁兼容标准实施中的问题分析及思考[C]. 中国电机工程学会电磁干扰专业委员会第十一届学术会议, 呼伦贝尔, 2009.

[44] 赵炳秋, 汤仕平, 万海军. 电磁辐射对舰载导弹危害及防护技术研究[J]. 舰船电子工程, 2009, 29(8): 199 ~ 202.

[45] 张淑琴, 张彭. 电磁辐射的危害与防护[J]. 工业安全与环保, 2008, 34(3): 30 ~ 32.

[46] 韦钢, 杨毅, 周冰. 工频电磁场对人体的影响及相关标准分析[J]. 上海电力学院学报, 2009, 25(2): 145 ~ 149, 168.

[47] 汤仕平, 王征, 成伟兰. 舰船电磁辐射危害及防护[J]. 船舶工程, 2006, 28(2): 55 ~ 58.

[48] 孙云娟. 电磁辐射的原理及危害[J]. 科技情报开发与经济, 2008, 18(32): 136 ~ 138.

[49] 朴光玉, 田鹏举. 电磁辐射污染对人体作用机理的初探[J]. 北方环境, 2002(2): 38 ~ 39.

[50] 孟超, 高燕, 于森, 等. 城市电磁辐射污染的产生与危害[J]. 安全, 2005, 26(5): 29 ~ 33.

[51] 马文华. 电磁辐射标准跟踪研究[J]. 电信工程技术与标准化, 2007, 20(1): 30 ~ 32.

[52] 刘亚宁. 电磁辐射生物效应的机理研究述评[J]. 基础医学与临床, 2000, 20(1): 20 ~ 23.

[53] 刘宝华, 孔令丰, 郭兴明. 国内外现行电磁辐射防护标准介绍与比较[J]. 辐射防护, 2008, 28(1): 51 ~ 56.

[54] 何振中，杨静．浅谈电磁辐射污染的危害及其防护[J]．黄石教育学院学报，2005，22(2)：64～66，80.

[55] 高思红．谈工频电磁场对人体健康的危害[J]．邮电设计技术，2002(7)：50～52.

[56] 中华人民共和国卫生部．GB 9715—88 环境电磁波卫生标准[S]. 1988.

[57] 中华人民共和国卫生部．GB 10437—89 作业场所超高频辐射卫生标准[S]. 1989.

[58] 中华人民共和国卫生部．GB 10436—89 作业场所微波辐射卫生标准[S]. 1989.

[59] 中华人民共和国国家质量监督检验检疫总局．GB 18555—2001 作业场所高频电磁场职业接触限值[S]. 2001.

[60] 中国国家标准化管理委员会．GB 9254—2008 信息技术设备的无线电骚扰限值和测量方法[S]. 2008.

[61] 中国国家标准化管理委员会．GB 4824—2004 工业、科学和医疗（ISM）射频设备电磁骚扰特性限值和测量方法[S]. 2004.

[62] 国家技术监督局．GB 16203—1996 作业场所工频电场卫生标准[S]. 1996.

[63] 国家环境保护局．GB 8702—88 电磁辐射防护规定[S]. 1988.

[64] 宋达文．磁场及电磁感应[M]．天津：天津教育出版社，1985.

[65] 王庆斌，等．电磁干扰与电磁兼容技术[M]．北京：机械工业出版社，1999.

[66] 赵玉峰．环境电磁工程学[M]．北京：化学工业出版社，1982.

[67] 张计怀．静电场[M]．北京：北京师范大学出版社，1982.

[68] 牟大全，官景成．电场与磁场[M]．山东：山东教育出版社，2001.

[69] 叶宗林，射频和微波辐射及其防护技术．北京：第四机械工业部第十设计研究院，1981.

[70] 周省三．电磁场基本教程[M]．北京：高等教育出版社，1995.

[71] 赵玉峰．现代环境中的电磁污染[M]．北京：电子工业出版社，2003.

[72] 杨士元．电磁屏蔽理论与实践[M]．北京：国防工业出版社，2006.

[73] 张钰．电磁屏蔽技术研究进展[J]．中国传媒大学学报自然科学版，2007，14(3)：65～69.

[74] 古映莹，邱小勇，胡启明，等．电磁屏蔽材料的研究进展[J]．材料导报，2005，19(2)：53～56.

[75] 张宇民，朱虹，韩杰才，等．电磁屏蔽材料及显示屏应用研究进展[J]．材料导报，2006，20(1)：4～8.

[76] 赵鹤云，项金钟，吴兴惠．电磁污染与电磁波吸收材料[J]．云南大学学报（自然科学版）．2002，24(1A)：58～62.

[77] 王俊斌．防辐射服装的发展与现状[J]．中国高新技术企业．2009(1)：14，22.

[78] 刘国华，王文祖．电磁辐射防护织物的开发[J]．产业用纺织品．2003，21(6)：16～18.

[79] 胡健生．家电电磁辐射及防护[J]．生物学教学，2007，4(27)：70.

[80] 胡焱弟，白志鹏，刘香，等．大学生使用电脑及其受电磁辐射污染状况的调查[J]．安全与环境学报，2005，2(5)：36～39.

[81] 查振林，许顺红，卓海华．电磁辐射对人体的危害与防护[J]．北方环境，2004，3(29)：25～28.
[82] 张柏林．电磁辐射危害与防护措施[J]．城市建设，2010，58：77.
[83] 吴薇薇．电脑和手机电磁辐射强度测试及防护对策[J]．环境技术，2008，6：56～59.
[84] 赵全刚，闫冬云，任广明．机箱材料对辐射的影响[J]．福建电脑，2007，4：82～84.
[85] 赵春．浅谈计算机实验室辐射及对工作人员的影响[J]．新乡学院学报，2009，5(26)：68～69.
[86] 孙宇新．电磁辐射对环境的污染及防护措施[J]．工业安全与环保，2001，12(27)：1～4.
[87] 许丽忠．手机电磁辐射污染及防护[J]．辐射防护通讯，2002，1(22)：16～19.
[88] 张建宏．电磁辐射污染与电磁环境监测[J]．电力学报，2007，1(22)：39～43.
[89] 邱秋．我国电磁辐射污染的法律对策初探[J]．辐射防护，2007，1(27)：47～52.